WALTRAUD BÖHMKE

Bodenarbeit für Pferde

26 PARCOURS FÜR TRAINING UND PRÜFUNG

MIT KOSMOS MEHR ENTDECKEN
MIT 13 FILMEN
SEIT 1822

KOSMOS

☞ *Inhalt*

BODENARBEIT IST TEAMWORK!

Der erste Kontakt zwischen Mensch und Pferd beginnt in der aller Regel auf dem Boden bzw. an der Hand. Auch wenn ich ein Pferd reiten oder fahren möchte, hole ich das Pferd zunächst aus der Box, vom Paddock oder von der Weide.

Dazu brauche ich vielfältiges Wissen über die Lebensgewohnheiten von Pferden. Im täglichen Umgang mit dem Pferd – führen, putzen, auftrensen, satteln – werden die Grundlagen für einen vertrauensvollen, sicheren Umgang mit dem Pferd gelegt. Die 26 Aufgabenbeispiele sollen helfen, mit systematischer Ausbildung das Pferd zu einem wohlerzogenen Partner zu entwickeln. So wird eine entspannte Zusammenarbeit möglich. Es fällt deutlicher schwerer, zu einem Pferd eine positiv emotionale Beziehung aufzubauen, wenn man permanent geschubst, Leckerlis fordernd angebettelt wird oder man ständig aufpassen muss, dass einem das Pferd nicht auf die Füße tritt. Das sollte besser gehen, wenn wir die Instinkte des Pferdes verstehen.

Das Pferd lebt als Herdentier in der Gruppe mit Artgenossen in einem sehr guten sozialen Gefüge. Als Mensch bin ich der vermeintlich schwächere Partner, zumindest im Kräfteverhältnis. Daher sollte man sich möglichst viel Wissen über den Lebensraum des Pferdes und seine „Sprache" aneignen.

Nur wenn ich weiß, wie Pferde miteinander kommunizieren, kann ich mich darauf einstellen und entsprechend kontrolliert und fair mit dem Pferd umgehen. Der Mensch muss den individualen Bereich des Pferdes anerkennen und akzeptieren und ihm dann in klaren Regeln verständlich machen, das der Mensch als ranghöheres Mitglied der „Sozialgemeinschaft Pferdegruppe" ebenso geachtet und respektiert werden will. Für Pferde bedeuten klare Regeln Sicherheit in ihrem vom Menschen gestaltetem Lebensraum. Das Ziel ist also ein sehr guter, respektvoller, harmonischer Umgang zwischen Mensch und Pferd, bei der sich beide Seiten wohlfühlen, sich gegenseitig vertrauen und aufeinander verlassen können.

BODENARBEIT IM PARCOURS

Das Training beginnt mit einfachen Übungen und richtet sich nach den Kenntnissen des Pferdes sowie dem Wissen und den Möglichkeiten des Menschen. Zunächst starte ich mit einzelnen Aufgaben/Hindernissen, bevor sie zu sinnvoll aufbauenden Übungsreihen verbunden werden. Dabei findet eine Festigung und auch eine Überprüfung des Erlernten statt.

In der Abfolge von verschiedenen, festgelegten Parcours kann man sich und sein Pferd auch mit anderen Teilnehmern vergleichen und erhält so auch Rückschlüsse und Ideen im Bezug auf das weitere Training. Durch die vorgeschriebenen Wege und Aufgaben wird der Mensch dazu angehalten, seine Hilfengebung präzise zu koordinieren, um die gestellten Aufgaben punktgenau ausführen zu können. Das Erreichen dieser kleinen Ziele schafft Vertrauen und gibt auch in unbekannten Aufgaben oder im Gelände Sicherheit. Gute Erfahrungen, dass das Pferd bei richtig angewandter, fein abgestimmter Hilfengebung und dem richtigen Timing auf Einwirkungen reagiert, schaffen Selbstvertrauen für den Menschen und geben dem Pferd einen passenden Rahmen.

Der Trainingsumfang richtet sich nach dem Alter des Pferdes und seiner körperlichen, aber auch mentalen Kondition. Junge Pferde ermüden ebenso schnell wie kleine Kinder und dürfen nur in kurzen Lerneinheiten (5 bis 15 Minuten) trainiert werden. Erwachsene Pferde mit mehr mentaler Kondition können etwas längere Einheiten bis 30 Minuten absolvieren. Kurze Pausen innerhalb der Trainingseinheit erhöhen die Konzentrationsfähigkeit des Pferdes und geben dem Pferd nach erfolgreich durchgeführten Übungen ein gutes Gefühl.

EINFÜHRUNG IN DIE BODENARBEIT

— *Vielfältiges Training mit dem Pferd*

VERTRAUEN UND FREUDE MIT BODENARBEIT

Jeder, der sich mit einem Pferd beschäftigen möchte, sollte sich Wissen über die Ansprüche und das Verhalten eines Pferdes aneignen. Nur dann kann man „pferdegerecht" mit diesen so liebenswerten Tieren umgehen und hat sehr viel Freude mit ihnen.

GRUNDLAGEN FÜR VERTRAUEN

Pferde spiegeln den Menschen sehr genau wider und möchten sich an ihn anpassen und ihm Vertrauen können. Die Aufgaben in der Bodenarbeit bilden dafür eine sehr gute Grundlage, die dann im Weiteren auch auf das Reiten oder Fahren übertragen werden können. Dazu bedarf es allerdings entsprechender Kenntnisse, auf die ich im Folgenden gerne eingehen möchte.

Bodenarbeit ist der Umgang mit dem Pferd vom Boden aus. Sie schafft die Basis für ein harmonisches Zusammenspiel von Mensch und Pferd am Boden. Die Entwicklung von guten Manieren des Pferdes schafft die Grundlage für eine vertrauens- und respektvolle Zusammenarbeit in allen Bereichen des Reitsports und dient auch der Sicherheit von Mensch und Pferd.

— Das Training des Pferdes muss geplant werden und sinnvoll in kleinen, dem Pferd und Menschen angepassten Lernschritten aufeinander aufbauen.

Mit viel Vertrauen und sicherer Führung durch das Stangenkreuz.

Auch im Gelände ein sicheres Team.

Ein Pferdeohr ist zum Menschen gerichtet, ...

- Es muss systematisch von zunächst leichten zu schwereren Übungen führen.
- Jede Aufgabe hat eigene Übungsreihen, die richtig angewendet werden müssen.
- Das Pferd muss in einer gewissen Regelmäßigkeit trainiert werden, um es kontinuierlich weiter zu fördern.
- Das Training muss abwechslungsreich und vielseitig gestaltet werden.
- Die Motivation des Pferdes muss geweckt und erhalten werden.
- Körperliche und mentale Überforderung müssen vermieden werden.

Das Ziel der Bodenarbeit mit dem Pferd sollte immer ein vertrauensvoller, harmonischer Umgang mit dem Pferd sein, unabhängig von Rasse, Alter und Einsatzbereich des Pferdes. Bodenarbeit, die gut durchgeführt wird, macht Mensch und Pferd Spaß.

MENSCH UND PFERD

Der Mensch muss sich in der Ausbildung an den Strukturen des Herdenverbandes orientieren. Pferde brauchen Vertrauen und eine Führung. Selbstbewusste Pferde, die in der Gruppe ranghöher aufgestellt sind, brauchen eine andere Ansprache als solche, die rangniedrig, ängstlich oder schüchtern sind. Ranghoch heißt nicht automatisch, dass diese Pferde sehr frech sind oder nicht mitarbeiten wollen. Wenn sie charakterlich sehr freundlich sind und für ihre Umwelt ein gutes Selbstbewusstsein haben, können sie hervorragende Partner für unsichere und eher ängstliche Menschen sein.

Rangniedere Pferde versuchen eher, endlich einmal eine Führungsposition zu besetzen, und hinterfragen gerne Aufforderungen und

... ein Zeichen für eine vertrauensvolle Beziehung.

Einwirkungen durch den Menschen. Das muss dann durch klare Anweisungen des Menschen in die richtigen Bahnen gelenkt werden. Dazu muss der Mensch Erfahrung haben und über genügend Selbstvertrauen verfügen. Unsicheres Auftreten führt nur zu unnötigen „Diskussionen".

Ähnlich verhält es sich mit eher ängstlichen Pferden. Diese brauchen eine selbstbewusste, auf Vertrauen aufgebaute, souveräne Führung. Je selbstverständlicher der Mensch das umsetzt, desto williger wird das Pferd sich anschließen und die Anweisungen umsetzen. Grobes oder übertrieben dominantes Auftreten des Menschen führt hier zu Problemen, da das Pferd aus dieser stressbeladenen Situation hinausmöchte und entsprechend zögernd oder überhastet und flüchtend auf die Einwirkungen des Menschen reagiert.

KOMMUNIKATION UND VERSTÄNDIGUNG

Die Verständigung zwischen Menschen findet vorrangig über die Sprache statt, die der Pferde untereinander vorrangig über die Mimik und Körpersprache. Für den Menschen bedeutet das, er muss lernen, sich in seiner Körpersprache für das Pferd verständlich auszudrücken.

Unsicherheiten des Menschen werden über die Körpersprache ebenso dargestellt, wie Anspannungen und einstudiertes Dominanzverhalten. Pferde reflektieren diese Einwirkungen auf ihren Individualbereich durch Zögern und Abwehrreaktionen.

Wenn wir als Mensch diese Reaktionen des Pferdes dann falsch interpretieren, können ungewollt deutliche Konflikte entstehen, die

Das Mädchen trägt eine Reitkappe, Handschuhe und knöchelhohe Schuhe.

sich manchmal auch erst nach einiger Zeit bemerkbar machen. Deshalb müssen wir uns immer klar und eindeutig verhalten. Die Signale durch unsere Körperbewegung, unsere Stimme sowie unsere Hilfengebung mittels Führseil, Zügel o. a. sollten immer die gleiche Bedeutung haben.

Die Intensität der Einwirkung sollte immer mit ganz feinen Signalen beginnen und erst danach, wenn das Pferd nicht entsprechend reagiert, in einzelnen Schritten gesteigert werden, bis ich die gewünschte Reaktion des Pferdes erhalte. Nur so erhalte ich ein aufmerksames, willig und motiviert mitarbeitendes Pferd, das zufrieden und leicht alle gestellten Aufgaben ausführt, und auf das ich mich auch in ungewohnten und neuen Situationen verlassen kann, da es viel Vertrauen zu mir entwickelt hat.

Dieses Vertrauensverhältnis muss man sehr sorgsam pflegen und erhalten. Pferde möchten gerne wissen, wer auf wen achtet und wer wen beschützt. Dies erfahren und klären sie untereinander in kleinen, manchmal für den Menschen sehr unscheinbaren Ritualen. Es können allerdings auch deutliche Signale sein. Der Mensch muss dieses Ausloten der Führung erkennen und souverän darauf reagieren, das heißt, er sollte sicher und angstfrei mit dem Pferd umgehen.

Es ist nicht zwingend notwendig, durch aufwendiges „Dominanzgebahren" dafür zu sorgen, dass das Pferd den Menschen akzeptiert. Pferde untereinander scheuchen sich auch nicht dauernd gegenseitig weg. Diese „Mobbingverhalten" kommt normalerweise eher selten vor. Pferde möchten sich achten und entwickeln durchaus enge Freundschaften untereinander, die lange halten.

Sie möchten zuverlässige Partnerschaften haben, durch die sie sich geschützt und beschützt fühlen. In Alltagssituationen wird das Pferd gerne den Aufforderungen des Menschen Folge leisten, sei es beim Holen aus der Box, beim Hereinholen von der Weide, beim Satteln, beim Schmied, beim Verladen usw.

Teamwork im besten Gleichgewicht.

Dieses Miteinander von Mensch und Pferd unterliegt klaren Regeln. Das Individuum Pferd soll aber auch nicht einer Marionette gleich abgerichtet werden. Es wird im Rahmen seiner Möglichkeiten und seiner Veranlagungen ausgebildet. Als Mensch muss ich durch Fachwissen und Erfahrung eine Souveränität entwickeln, die es mir möglich macht, Pferdeverhalten richtig zu interpretieren und angemessen zu reagieren.

AUSRÜSTUNG FÜR MENSCH UND PFERD

Zur Ausrüstung des Menschen gehören feste, möglichst knöchelhohe Schuhe, eine lange Hose, geschlossenes Oberteil und Handschuhe. Im Umgang mit schwierigen Pferden sollte eine Reitkappe getragen werden, diese ist z. B in der Gelassenheitsprüfung (GHP) für Jugendliche vorgeschrieben. Für Pferde wird meist ein Knotenhalfter mit Führseil oder Leitseil eingesetzt, da so eine besonders feinfühlige Einwirkung möglich ist. Gut trainierte oder sehr sensible Pferde können auch ein gut passendes Stallhalfter tragen. Eine Trense kann auch verwendet werden, dann meist mit einer Gerte als Hilfsmittel für die treibende Einwirkung.
In der weiterführenden Arbeit zur Verbesserung von Stellung und Biegung des Pferdes werden Trense oder Kappzaum eingesetzt.

Ein strahlendes Gesicht sagt mehr als viele Worte – eine innige Beziehung.

Die Scheckstute scheut spontan vor dem Schatten auf der Plane und drängt dabei in Richtung der Führenden.

Nun heißt es, Ruhe bewahren und nicht die Kontrolle verlieren.

In Ausnahmefällen zur Korrektur des Pferdes, wenn der Einsatz des Knotenhalfters nicht genügend respektiert wird, oder eventuell beim Führen von Deckhengsten kann durch erfahrene Menschen vorübergehend mit einer Führkette gearbeitet werden. Diese darf aber nur in Kombination mit einem Stallhalfter eingesetzt werden.
Dabei wird der Karabiner auf der linken Seite durch den seitlichen Ring des Halfters geführt, dann einmal von unten nach oben und von außen nach innen um den Nasenriemen des Halfters geführt. Dann wird er auf der rechten Seite wieder durch den Halfterring geführt und dann auf der rechten Pferdekopfseite in den oberen Ring (Beginn Genickstück) eingehakt. Mit der Führkette dürfen keine ruckartigen oder strafenden Einwirkungen gegeben werden, besonders bei sensiblen Pferden mit hohem Vollblutanteil kann das zu extremen Abwehrreaktionen führen. Nie die Führkette durch das Maul ziehen! Auf keinen Fall Pferde mit der Führkette anbinden, große Verletzungsgefahr!

HANDWECHSEL

Nach einem Handwechsel zeigt sich oft, dass das Pferd den Gegenstand aus einer anderen Perspektive auch wieder anders wahrnimmt und entsprechend erneut scheuen oder zögern kann. Deshalb sollte dem Pferd auch in der neuen Situation noch einmal Zeit zur Erkundung gegeben werden. Je intensiver das Pferd sich mit neuen Gegenständen oder Situationen auseinandersetzt, desto schneller wird es auch auf der anderen Seite ohne Zögern vorbeigehen.

In der Wiederholung mit deutlicher Konzentration und sicher im Ablauf, aber noch mit einer gewissen Anspannung bei der Führenden.

DISTANZLOSIGKEIT

Jedes Lebewesen beansprucht für sich eine individuale Distanz zu anderen. Derjenige, der diese Distanz unterschreitet, löst beim anderen Verhaltensmuster aus. Der Ranghöhere verteidigt seinen eigenen Freiraum, der Rangniedere muss zurückweichen und vergrößert dabei den Freiraum für sein ranghöheres Gegenüber.

Der Ranghöhere erlaubt eine Verringerung der Distanz je nach Sympathie oder zur Fellpflege, bestimmt allerdings auch die Länge dieses Zeitraums.

In Momenten der Unsicherheit oder Angst rücken Lebewesen näher zusammen, damit sie kompakter und stärker wirken.

Hält das Pferd im Zusammenspiel mit dem Menschen die Distanz nicht ein, können Verletzungen des Menschen die Folge sein (auf den Fuß treten, stolpern, zwicken o. Ä.). Deshalb muss der Mensch eine bestimmte Distanz zum Pferd einfordern und selbst auch einhalten. Streicheln und Kraulen als Lob sind natürlich erlaubt, um die Beziehung und Bindung zu festigen. Bevorzugte Körperteile sind dabei der Mähnenkamm, der Widerrist oder der Rücken. Der Mensch bestimmt dabei Dauer und Intensität.

WIDERSETZLICHKEIT

Pferde können auch in der Bodenarbeit mehr oder weniger deutliche Anzeichen von Widersetzlichkeit zeigen. Ohren flach anlegen, Nüstern und Maulbereich angespannt, Andeutung von Schnappen oder Beißen, Hin-

terbein anheben, oder Schweifschlagen können erste Anzeichen sein, die man beachten sollte.
Der Mensch muss natürlich in diesem Moment als Ranghöherer agieren, um Schlimmeres zu verhindern. Aber er muss auch die Ursache für dieses Verhalten erforschen. Überforderung des Pferdes in der Übung durch zu hohen Schwierigkeitsgrad? Durch zu langes Training? Durch unklare Signalgebung? Durch ungünstige Ausrüstung? Durch gesundheitliche Probleme?

OPTISCHE SIGNALE

Zu den optischen Signalen gehören Körpersprache, Blickrichtung, Kopfbewegungen, Hand- und Armbewegungen, Laufrichtung, Gangmuster (langsam – lasch oder energisch – hektisch), Atemfrequenz, Gesamtverfassung entspannt oder nervös, Schweißausbruch. Dies sind alles Indikatoren für das Pferd, um die Stimmungslage des Menschen einzuschätzen. Vermutlich können sie über das Gesamtpaket Körpersprache und ihren Geruchssinn erkennen, wann ein Mensch Angst hat. Diese Unsicherheit des Menschen, der eigentlich als Führungsperson eingeordnet wird, verunsichert das Pferd. Dadurch wird das Pferd in seiner Skepsis bestärkt und zeigt dann deutliche Unsicherheiten. Auch wenn zu viele Informationen durch hektische, übertriebene Körpersprache oder unkontrollierte Gliedmaßenbewegungen auf das Pferd einströmen, führt das zu Unsicherheit, die durch Ignoranz der Einwirkung oder hektische Umsetzung widergespiegelt wird.

Das Pferd hinter sich lassen in der engen Gasse.

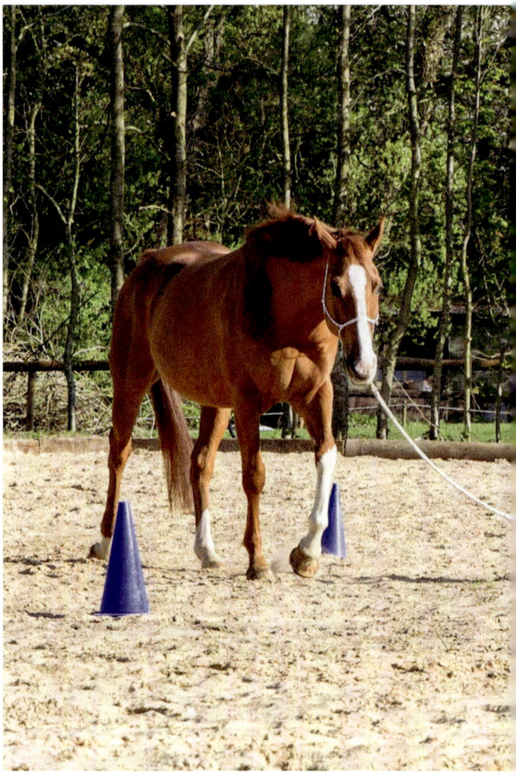

Im großen Abstand auf Distanz mit Leitseil um die

TAKTILE SIGNALE

Berührungsreize helfen uns, dem Pferd mitzuteilen, welche Anweisungen es wie umsetzen soll. Da Pferde einen sehr ausgeprägten Tastsinn haben, sollte man das auch in seiner Hilfengebung berücksichtigen und die Intensität der Einwirkung immer in geringer Dosis beginnen. Wenn Pferde darauf nicht wie gewünscht reagieren, bedeutet das nicht automatisch, dass sie etwas nicht wollen. Ganz oft haben sie es nur nicht richtig verstanden. Dann sollte die Hilfengebung sehr konzentriert wiederholt werden.
Gerade sehr sensible Pferde können zu Hektikern werden, wenn man in dieser Wiederholung schon deutlich intensiver einwirkt. Sie entwickeln reinen Aktionismus, ohne die Hilfen richtig verstehen zu wollen. Pferde können auch auf die Hilfengebung desensibilisiert sein. Bei eher ruhigem Temperament passiert das leider häufiger. Das bedeutet nicht, dass sie die erste oder feinfühlig gegebene Hilfe nicht wahrnehmen. Durch permanent zu eintönig gegebene Hilfen „stumpft" das Pferd ab. Es wird eine klassische Desensibilisierung auf Kosten des Pferdes durchgeführt, denn es wird sich immer stärkere Einwirkung ohne richtige Reaktion gefallen lassen. Um bei trägen Pferden eine schnellere Umsetzung der Einwirkung zu entwickeln, bedarf es einer systematischen Steigerung der Einwirkung.
Zunächst erfolgt eine normal gegebene treibende Hilfe, bekommt man keine Reaktion, wird die Hilfe gesteigert und dann bei ungenügender Umsetzung auch für einen Augenblick sehr deutlich gesteigert. Sobald das Pferd reagiert, setzt die treibende Hilfengebung aus und das Pferd wird gelobt. Die nächste Hilfe beginnt wieder in normaler Ausführung.

Hütchen lenken ist eine anspruchsvolle Aufgabe.

AKUSTISCHE SIGNALE

Die Lautäußerungen Wiehern, Brummeln, Quietschen, Schnauben haben in der Verständigung eher nachrangige Bedeutung, können aber trotzdem wichtig sein.
Pferde erkennen sich am Wiehern. Es dient auch zur Verständigung und zum Wiedererkennen und Wiederfinden über große Entfernungen hinweg. Das Brummeln wird bei einer entspannten, sehr freundlichen Begrüßung auf kurze Distanz eingesetzt. Quietschen hört man oft in Rangordnungskämpfen und beim Paarungsverhalten.
Dabei sollte man achtsam sein, da das Quietschen manchmal auch durch ein Stampfen mit einem Vorderbein begleitet wird. Leises oder deutliches Stöhnen gibt in der Regel deutliche Hinweise auf Schmerzen des Pferdes. Die Stimme des Menschen wird in ihrer Klangfarbe wahrgenommen. Einzelne Worte kann das Pferd in der Zuordnung und Um-

Seitliches Verschieben der Hinterhand.

Der Arm mit Gerte zeigt zur Hinterhand,

setzung lernen, es wird aber immer Bezug zur Körpersprache nehmen. Um Pferde zu aktivieren, fleißig zu gehen, wird die Stimme hell, kurz und prägnant eingesetzt: durch Schnalzen oder Küsschen-Laut, in einem der Gangart angepassten Rhythmus.
Zur Beruhigung des Pferdes oder zum Verkürzen des Tempos oder der Gangartreduzierung wird die Stimme ruhig, tief und langgezogen eingesetzt. Auch die Stimme sollte nicht permanent gebraucht werden, sondern dem Anlass entsprechend möglichst kurz, bis die gewünschte Reaktion kommt.

KOMBINIERTE HILFENGEBUNG

Die Hilfengebung richtet sich in Art und Umfang stets nach dem gewünschten Ziel und der Umsetzung durch das Pferd. Zunächst wird das Pferd immer durch einen Impuls (akustisch) aufmerksam gemacht und auf die Aufgabe vorbereitet. Dann folgen die Körpersprache und die taktile Einwirkung über das Halfter oder treibende Berührung mit dem Leitseil oder der Gerte. Sobald das Pferd die Aufgabe ausführt, werden die Einwirkungen deutlich reduziert oder ausgesetzt und erst bei Bedarf wiederholt.
Man fängt immer mit minimalen Hilfen an, die dann bei Bedarf in zwei bis drei Abstufungen gesteigert werden. Die Steigerung soll so angemessen sein, dass das Pferd sie verstehen kann und dann umsetzt. Es darf keine gleichbleibende Intensität sein, durch die das Pferd desensibilisiert (abgestumpft) wird, aber auch nicht so stark und ohne Vorbereitung, dass das Pferd überrascht und erschreckt wird. Die Hilfengebung war richtig, wenn das Pferd nach kurzer Zeit willig und gelassen die Aufgabenstellung erfüllt.

KÖRPERSPRACHE

Über die Körpersprache sendet der Mensch sehr viele Signale an das Pferd. Körpersprache ist das Zusammenspiel zwischen Körperhaltung, Bewegungen, Blickführung und Gestik in Verbindung mit der Mimik. Gerade diese nonverbalen Signale werden vom Menschen oft nicht wahrgenommen und unbewusst ausgesendet.

das Pferd weicht aus.

Feinabstimmung: seitliche Verschiebung durch minimale Hilfengebung.

In der Bodenarbeit muss der Mensch lernen, diese Signale gezielt einzusetzen. Nur dann wird er dem Pferd eindeutig Hilfen geben können, die dann auch willig umgesetzt werden. Menschen sollten nicht unterschätzen, dass auch ihre Stimmungslage vom Pferd sehr gut wahrgenommen wird. Stress, Unzufriedenheit, Unruhe, Wut, Aufregung und Angst verknüpfen sich immer mit der Stimmlage und der Körpersprache. Das wird natürlich vom Pferd durch deutliche Anspannung oder Unsicherheit auf die Hilfengebung widergespiegelt und führt häufig zu schlechter Bewältigung der gestellten Aufgaben.
Deshalb ist es notwendig, dass der Mensch lernt, seine Eigenwahrnehmung zu schärfen und sich selbst zu reflektieren. Er muss im Umgang mit dem Pferd ruhig und ausgeglichen sein und auch in Stressmomenten kontrolliert und besonnen handeln.

KÖRPERHALTUNG

- Der Mensch geht in der Bodenarbeit natürlich aufgerichtet mit leichter Körperspannung. Eine bewusst gestreckte, verspannte Körperhaltung ist genauso negativ wie eine lasche und schlackernde Körperhaltung.
- Der Kopf wird aufrecht mit Blickrichtung ins Vorwärts getragen.
- Die Schultern passen sich parallel der Bewegungsrichtung an.
- Der Körper befindet sich meist im rechten Winkel zum Pferd.
- Das Pferd hält zum Menschen stets einen Abstand von ca. einer halben Armlänge.
- Der Mensch geht selbstverständlich, selbstbewusst und vermittelt durch seine Körperhaltung dem Pferd einen kompetenten, souveränen Eindruck, dem das Pferd sich gerne, respekt- und vertrauensvoll anschließt.

BEWEGUNGEN

- Die Bewegungen sind ruhig und gleichmäßig, aber nicht zögernd oder schleichend.
- Klar im Takt der Gangart.
- Keine Hektik in den Bewegungen von Armen oder Beinen.

- Besonders beim Laufen werden die Arme ruhig getragen, da sie sonst treibend wirken.
- Die gesamte Ausstrahlung des Menschen soll für das Pferd und den Betrachter Souveränität im Umgang mit dem Pferd ausdrücken.

BLICKFÜHRUNG

- Der Blick geht immer in die Bewegungsrichtung und nicht auf den Boden!
- Auch auf gebogenen Linien und in Hindernissen immer dahin schauen, wohin man führen möchte.
- Das Pferd möglichst nicht direkt anschauen, besonders in angespannten Situationen kann das auf Pferde bedrohlich wirken.
- Nur in entspannter Atmosphäre mögen Pferde den direkten Blickkontakt.

GESTIK

- Unkontrollierte Bewegungen der Arme und Hände verunsichern das Pferd.
- Die Führhand wird entspannt, leicht geöffnet getragen. Das Schließen zur Faust wirkt hier verkrampft.
- Führ-/Leitseil oder Gerte sollen immer kontrolliert und in leicht steigernder Intensität eingesetzt werden Das Pferd muss die Einwirkung als Hilfe verstehen können und darf nicht plötzlich dadurch erschreckt werden. Die Hilfen werden zunächst immer aus einer weichen Bewegung herausgegeben.
- Nur Signale geben, keine kontinuierliche Einwirkung.
- Touchieren immer punktgenau, vor dem Buggelenk, an der Schulter, in Höhe Sattellage oder an der Hinterhand, niemals am Kopf.

Das Pferd erkennt durch die Körpersprache des Menschen, in welche Richtung es sich bewegen soll.

Das Mitgehen auf Distanz erleichtert die Aufgabe. Der rechte Arm hält das Seilende und treibt.

— Nur so viel wie notwendig bewegen. Immer mit dem Bestreben, klar und konsequent mit der notwendigen Gelassenheit zu agieren.

SICHERHEITSASPEKTE

Damit die Zusammenarbeit mit dem Pferd Freude bereitet und nicht zu Unfällen führt, muss man einige Sicherheitsaspekte beachten und in die Planung der Trainingseinheit einbeziehen.

— Die Mensch-Pferd-Kombination muss zusammenpassen.
— Unerfahrene Menschen und Kinder mit erfahrenen, gelassenen, sicheren Pferden.
— Gut passende funktionale Ausrüstung für Pferd und Mensch.
— Störungen von außen müssen kalkulierbar sein (Tribüne, Autos, Trecker).
— Herdentrieb berücksichtigen (Kleben an Artgenossen).
— Bei der Arbeit mit Stangen müssen diese gegen Wegrollen gesichert sein.
— Langsam mit einzelnen Stangen Vertrauen aufbauen.
— Gassen am Anfang weiter auseinanderlegen und dann allmählich den Abstand verkürzen.
— Mit einfachen Aufgaben beginnen, danach erst engere Wendungen aufbauen.
— Vor dem Gelassenheitstraining Vertrauen aufbauen und Sicherheit in den Führübungen.
— In jeder Trainingseinheit mit Führübungen beginnen.
— Die Gelassenheit des Pferdes muss immer wieder erarbeitet werden.
— Immer zwischen dem Schreckhindernis und dem Pferd gehen.
— Die anderen Pferde mit beobachten.
— Mit den Übungen im Halten beginnen.
— Das Pferd darf den Gegenstand inspizieren, dann erst im Schritt vorbeiführen.

BODENARBEIT IN DER PRAXIS

— *Parcoursbeispiele für Training und Prüfung*

VIELFÄLTIGE BODENARBEIT MACHT SPASS!

Ziel der Bodenarbeit ist ein gefühlvoller, harmonischer Umgang mit dem Pferd. Das Pferd löst dabei alle gestellten Aufgaben aufmerksam, willig und vertrauensvoll. Es ruht in sich und vermittelt einen zufriedenen Eindruck. Dieses erlernte Verhalten des Pferdes bezeichnet man auch als „gute Manieren".

FAIRNESS GEHT VOR

Aber nicht nur das Pferd muss lernen, sich richtig zu „benehmen", auch der Mensch muss immer wieder an sich arbeiten und sich weiterbilden, damit er genau weiß, wie er sich in den verschiedenen Situationen dem Pferd gegenüber angemessen, fair und richtig verhalten muss.

DER PLATZ FÜR DIE BODENARBEIT

Die Bodenarbeit sollte auf einem umzäunten Platz oder in einer Reithalle stattfinden, erst wenn das Pferd schon sehr sicher ist, kann man auch das Training im Gelände miteinbeziehen.
Es gibt vor allem jüngeren Pferden Sicherheit, in einer kleinen Gruppe zu arbeiten. Die Gruppengröße muss aber den Platzverhältnissen angepasst sein, sodass jederzeit ein ausreichender Sicherheitsabstand (4 m) möglich ist. Unerzogene, stürmische Pferde sollten von erfahrenen Ausbildern alleine gearbeitet werden, um keine anderen Menschen oder Pferde zu gefährden.
Eine ruhige Umgebung erleichtert dem Pferd die Konzentration auf den Ausbilder.

AUSRÜSTUNG DES PFERDES

Die Ausrüstung ist zweckmäßig, besteht aus einwandfreiem Material und ist auf jeden Fall passend verschnallt. Die Einwirkungen auf das Pferd müssen angemessen und zielführend eingesetzt werden können. Ein Zuviel

Gut geeignet für die Bodenarbeit: trittfester und ebener Sandboden mit Begrenzung.

FORMEN DER BODENARBEIT

Möglichkeiten

Die Bodenarbeit umfasst mehrere Bereiche mit teilweise speziellen Inhalten.

- Täglicher Umgang mit dem Pferd in allen Bereichen
- Geführte Bodenarbeit
- Arbeit auf Distanz
- Seillose Bodenarbeit
- Freiarbeit im Roundpen
- Longieren
- Doppellonge, auch Vorbereitung für das Fahren
- Langzügelarbeit
- Arbeit an der Hand (hohe versammelnde Lektionen)
- Zirkuslektionen

Menschen lernen, …

- sich klar und sicher dem Pferd gegenüber mitzuteilen,
- sich konsequent im täglichen Umgang mit dem Pferd zu verhalten,
- ihre Einwirkung zu optimieren,
- das individuelle Verhalten der Pferde besser zu deuten,
- in Problemsituationen richtiger und erfolgreicher zu reagieren.

Bodenarbeit hilft dabei, …

- den Reiter vom Boden aus zu unterstützen (Reitanfänger/junge Pferde),
- neue Lektionen wie Vorhandwendung, Schenkelweichen oder rückwärtsrichten zu erlernen,
- das Longieren, das Verladen oder Fahren vorzubereiten.

Bodenarbeit dient …

- der Abwechslung,
- als Alternative zum Reiten (z. B. bei Krankheit),
- als Aufwärmphase vor dem Reiten für Reiter und Pferd.

kann genauso negativ sein wie ein Zuwenig, auch dadurch kann ein deutliches Abwehrverhalten ausgelöst werden. In der Regel wird die Bodenarbeit mit dem Knotenhalfter oder mit einem gut passenden Stallhalfter ohne Fellunterlagen durchgeführt.
In einigen Aufgaben bietet sich allerdings auch die Arbeit auf Trense an. Hierbei können die treibenden Einwirkungen auch durch eine Gerte unterstützt werden. Besonders bei der Arbeit über Stangen empfiehlt sich zum Schutz der Pferdebeine auch das Anlegen von Gamaschen.

Auf keinen Fall Pferde mit dem Knotenhalfter anbinden, auch wenn das Material sehr dünn aussieht, so ist es doch reißfest, und Pferde könnten sich dadurch sehr verletzen!

HALFTER

Das Halfter kann aus Leder oder Gurtmaterial bestehen. Es sollte gut passen und gerne im Genick- und Kinnbereich verstellbar sein, um es optimal anpassen zu können. Der Nasenriemen sollte ca. 2 – 3 Fingerbreit unter der Jochbeinleiste liegen, ähnlich wie beim englischen Reithalfter. Liegt das Halfter zu tief, kann es beim Pferd im Übergang zu dem empfindlichen knorpligen Teil der Nase zu Schmerzen und Verletzungen führen, falls das Pferd am Halfter reißt oder der Mensch heftig einwirkt. Der Nasenriemen muss so weit verschnallt sein, dass das Pferd ungehindert Kaubewegungen ausführen kann.

KNOTENHALFTER

Das Knotenhalfter lässt bei korrekter Anwendung und Verschnallung eine sehr präzise, aber feine Einwirkung auf das Pferd zu, des-

Von oben das Genickteil durch die Schlaufe, dann unter der Schlaufe nach vorne durchstecken …

… über der Schlaufe nach hinten führen,

… und zum Knoten festziehen. Oberhalb des ersten Knotens in gleicher Weise.

Unterhalb des Seils nach vorne durchstecken und oberhalb des Knotens durchziehen.

halb wird es dafür sehr gerne eingesetzt. Es wird aus einem dünnen Seil passend geknotet, (ursprünglich in den USA von den Cowboys aus einem Rope bzw. Lasso entwickelt). Die Knoten liegen recht flach am Pferdekopf an und bilden keine besonderen Druckpunkte, deshalb sollte das Grundmaterial nicht stärker als ca. 6 – 8 mm im Durchmesser sein.

Anpassen des Knotenhalfters: Das Nasenteil liegt ca. zwei bis drei Fingerbreit unter der Jochbeinleiste und muss insgesamt so weit und beweglich sein, dass das Pferd uneingeschränkt kauen und gähnen kann. Auf dem Nasenrücken dürfen sich keine Knoten befinden. Die Backenstücke müssen so lang sein, dass das Halfter im Ganaschenbereich geschlossen werden und nicht nach unten verrutschen kann. Dieser Bereich dient als „Kehlriemen“. Das Genickstück wird immer mit einem Doppelknoten verschlossen, der fest ist, aber durch den Menschen wieder leicht zu öffnen ist.

001

Halter und Knotenhalfter

Der Film zeigt, wie man das Pferd aufhalftert und ein Knotenhalter anlegt.

Ein gut angepasstes Lederhalfter mit Führstrick am Karabiner.

Das Seil liegt in Schlaufen in der linken Hand.

Sicherheitsverschluss und Karabiner

FÜHRSTRICK UND FÜHRSEIL 2,00 M BIS 3,50 M

Als Führstrick eignen sich alle Stricke, die mindestens 2 m lang sind und einen Karabiner oder ähnlichen Haken haben. Der Panikhaken des Anbindestricks kann sich zu schnell durch falsche, unbewusste Handhabung öffnen, deshalb ist er zum Führen ungeeignet. Der Führstrick ist auch etwas dicker im Material und liegt dadurch besser in der Hand. Er sollte nicht dehnbar sein. Je nach Einsatzbereich variiert die Länge optimalerweise zwischen 2,50 – 3,50 m. Vor allem bei großen Pferden sollte das Seil lang genug sein, um einen entsprechenden Spielraum zu haben. Am Seilende ist ein Lederschlag eingearbeitet.

BODENARBEITSSEIL UND LEITSEIL 3,50 M BIS 4,80 M

Das Leitseil (Durchmesser 13 – 19 mm) ist aus einem festen Kern und mit geflochtener Ummantelung aus Polyester o. ä. Material. Dadurch hat das Seil ein angenehmes Eigengewicht und lässt sich sehr kontrolliert einsetzen. Reine Baumwolle ist sehr weich, dehnt sich im Gebrauch und wird durch das geringe Eigengewicht in der Signalgebung ungenau. Die Länge variiert zwischen 3,50 m für normale und 4,80 m für größere Pferde. Besonders bei jungen, noch ungestümen Pferden sollte das Seil mindestens 7,00 m lang sein, damit man immer eine ausreichende Distanz bzw. einen Sicherheitsabstand herstellen kann. Auch beim Leitseil ist am Seilende ein Lederschlag eingearbeitet, mit dem man das Pferd bei Bedarf etwas nachtreiben kann. Der Lederschlag erzeugt einerseits ein surrendes Geräusch und zum anderen wirkt er bei der Berührung des Pferdes etwas weicher als das reine Seilende. Für das Pferd ist das Leitseil optisch viel besser einzuschätzen als die Longierpeitsche mit ihrem dünnen Leder- oder Nylonschlag.

GERTE UND PEITSCHE

Als treibendes Hilfsmittel bei der Arbeit auf Trense kann dann allerdings noch eine Gerte ca. 1,00 – 1,30 m, eine kurze Longierpeitsche mit einem Leder- oder Seilschlag oder eine Bogenpeitsche, wie sie im Fahrsport verwendet wird, verwendet werden. Die Peitsche dient als Hilfsmittel für die taktile Einwirkung und nicht zum Strafen.

AUSRÜSTUNG DES MENSCHEN

Bei der Pflege des Pferdes können kleinste Veränderungen der Haut wie Druck- oder Scheuerstellen oder Entzündungen im Bereich der Gliedmaßen ohne Handschuhe viel genauer wahrgenommen werden. Oft wird so die Anfangsphase eine Verletzung bemerkt und es können sofort entsprechende Maßnahmen eingeleitet werden. Beim Führen, Longieren und der Arbeit auf Distanz werden Handschuhe getragen, um Verletzungen bei einem eventuellen plötzlichen Wegspringen des Pferdes zu vermeiden.
Feste, knöchelhohe Schuhe oder Reitstiefel dienen dem Schutz der Füße. Leichte Turnschuhe oder Sandalen haben im Umgang mit dem Pferd nichts zu suchen. Das Tragen einer Reitkappe sollte für Jugendliche oder Menschen, die mit ungestümen Pferden oder Hengsten zu tun haben, selbstverständlich sein.

AUFGABEN AM BODEN

Zur Bodenarbeit gehört der Umgang mit dem Pferd vom Boden aus in vielen verschieden Formen, also alles, was zu Fuß zum täglichen Umgang mit dem Pferd gehört:

- Ansprechen und Herangehen an das Pferd
- Aufhalftern und Putzen ((falls nötig))
- Auftrensen und Satteln
- Führen
- Arbeit auf Distanz
- Langzügelarbeit
- Vorbereiten zum Fahren
- Longieren
- Arbeit mit Stangen
- Geschicklichkeitsarbeit
- Gelassenheitstraining
- Seillose Bodenarbeit
- Freiarbeit

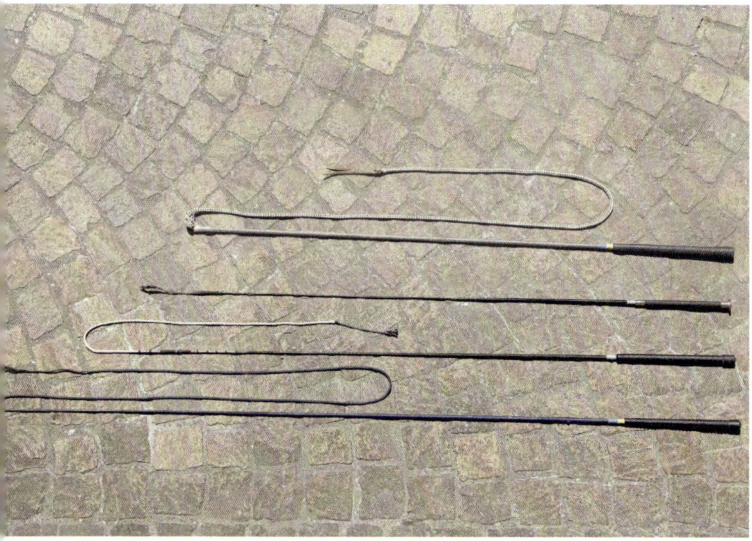

Verschiedene Peitschen

Leitseil mit Karabiner

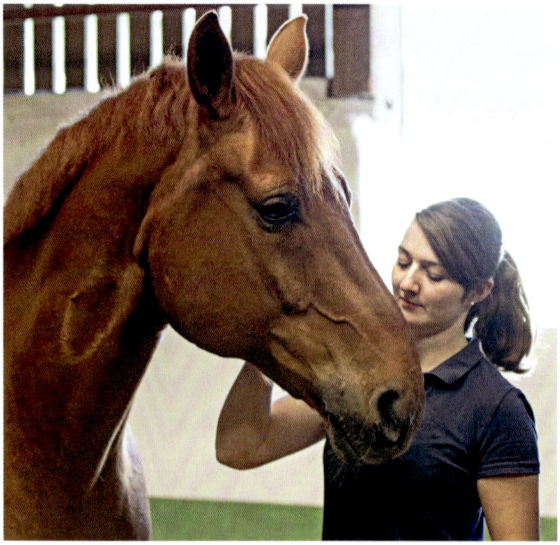

Vertrauensvoll wendet sich das Pferd dem Menschen in der Box zu, so kann die Arbeit gut beginnen.

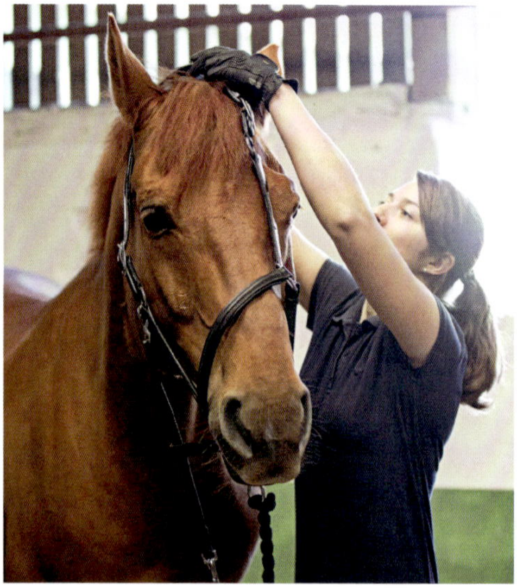

Beim Aufhalftern werden die Ohren einzeln und sanft unter das Genickstück geschoben und dann der Backenriemen verschlossen.

ANSPRECHEN UND HERANGEHEN

Wenn ich ein Pferd aus der Box, vom Paddock oder von der Weide holen möchte, muss ich von schräg vorne und von der linken Seite an das Pferd herangehen. Dabei spreche ich es leise und freundlich, aber trotzdem deutlich an und beobachte seine Mimik und das Ohrenspiel. Vor allem, wenn es durch Fressen oder Artgenossen abgelenkt wird, achte ich darauf, dass es mich wahrnimmt und anschaut, bevor ich es am Hals anfasse, damit es sich nicht erschreckt. Ich gehe nicht von hinten an das Pferd heran, falls es sich in der Box umdreht, sondern bleibe in der Tür stehen und spreche es an. Erst wenn es freundlich zu mir schaut, gehe ich ihm entgegen. Pferde

Das Führen aus der Box nach rechts mit vollständig geöffneter Boxentür.

Die schmale Stallgasse erfordert Aufmerksamkeit, damit das Pferd sich nicht stößt.

sollten sich freundlich zum Menschen hindrehen, wenn er in die Box kommt. Das ist ein Zeichen für ein gutes Vertrauensverhältnis und dafür, dass es gerne mit dem Menschen zusammenarbeitet. Bei Pferden, die in der Eingewöhnungsphase in eine neue Umgebung zunächst eher skeptisch sind, kann ein Begrüßungsritual in Form einer kleinen Futtergabe (Mohrrübe- oder Apfelstücke) durchaus sinnvoll sein.

AUFHALFTERN

Zum Aufhalftern stelle ich mich mit Blick zum Pferdekopf neben den Hals des Pferdes. Bei einem im Genick geschlossenen Halfter öffne ich den Kehlriemen, und greife dann mit der rechten Hand von unten um den Pferdekopf. Dann streife ich vorsichtig das Nasenteil über die Nase, streife das Genickstück über die Pferdeohren und schließe dann das Halfter. Nimmt das Pferd dabei den Kopf hoch, begrenze ich den Nasenrücken mit der Hand. Einfacher ist es, wenn das Pferd das Kopfabsenken gelernt hat und quasi selber in das Halfter hineinschlüpft.
Das Halfter sollte im Genickbereich so viel Luft haben, dass das Genickstück locker mit den Händen nach oben über die Pferdeohren gestreift werden kann. Bei einem Pferd, das sehr empfindlich auf Berührungen an den Ohren reagiert, verwende ich ein Halfter, das sich im Genickstück öffnen lässt. Ich streife das Nasenteil, wie vorher beschrieben, über die Nase, nehme danach den Genickriemen und lege ihn mit der rechten Hand über den Pferdehals mit etwas Abstand zu den Pferdeohren. Dann schließe ich die Schnalle auf der linken Pferdekopfseite.
Der Nasenriemen des Halfters sollte etwa zwei bis drei Fingerbreit unter der Jochbeinleiste liegen. Liegt er zu tief und berührt den knorpeligen Teil des Nasenbereiches, kann das zu Verletzungen und Schmerzen führen, zu hoch stört er an der Jochbeinleiste.

002

Anbinden & Auftrensen
Der Film zeigt das Anbinden, den Sicherheitsknoten und das Auftrensen.

STALL UND PUTZPLATZ

Das Pferd wird immer mit einem Strick geführt, egal ob ich es aus der Box oder vom Paddock zum Putzplatz führe oder ob ich es von der Weide hole und zurückbringe. Beim Führen ohne Strick habe ich in dem Moment, in dem das Pferd sich erschreckt oder auch nur den Kopf sehr hochnimmt, keine sichere Kontrolle. Es könnte mir in Schrecksituationen sogar durch einen Ruck am Arm oder durch das Einklemmen von Fingern oder der Hand zwischen Halfter und Pferdekopf deutliche Verletzungen zufügen.
Der Strick wird mit dem Karabinerhaken am unteren mittleren Ring des Halfters eingeschnallt. Etwa 20 – 50 cm unterhalb des Karabinerhakens wird der Strick mit der ganzen Hand locker umfasst. Dabei wird die Hand so getragen, dass der Daumen Richtung Pferdekopf zeigt. Im Stallbereich kann man das Pferd auch mit dem Anbindestrick, der einen Panikhaken hat, zum Putzplatz führen. Im Außenbereich wird immer mit einem etwas längeren Führstrick mit dem Karabinerhaken geführt, da dieser nicht so leicht versehentlich aufgehen kann. Beim Führen durch Boxentüren oder enge Stalltüren gehe ich immer als Erster durch die Tür, damit ich nicht im Türrahmen eingeklemmt werden kann. Ich achte darauf, dass das Pferd schräg hinter mir bleibt.
Auf der Stallgasse geht der Mensch in der Regel auf der linken Pferdeseite und etwas hinter dem Pferdekopf. Beim Führen in die Box wird das Pferd immer gewendet, sodass es mit dem Kopf in Richtung der Tür schaut. Erst dann nehme ich das Halfter ab. Ich komme auf diese Weise nicht in Gefahr, in einer Boxenecke hinter das Pferd zu geraten.

Kopfabsenken durch Massieren mit den Fingerkuppen im Genickansatz.

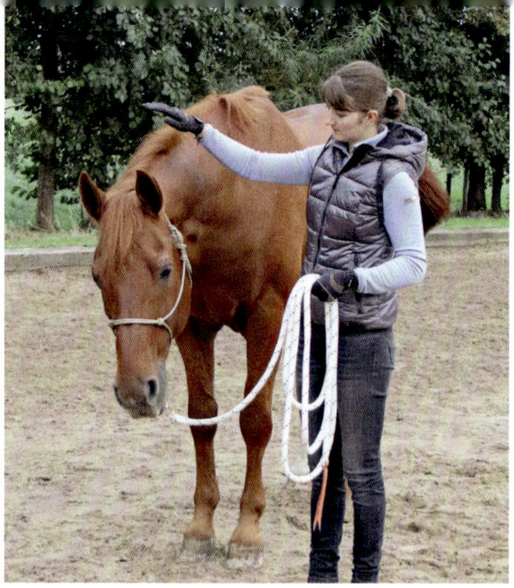

Sobald das Pferd zum Absenken ansetzt, wird die Einwirkung beendet.

ANBINDEN

Am Putzplatz wird das Pferd an einem Ring oder mit zwei Stricken von zwei Seiten angebunden. Beide Möglichkeiten muss das Pferd erst lernen. Der Anbindering muss fest verankert sein und sollte mindestens auf Buggelenkhöhe angebracht sein, damit das Pferd bei einer Stricklänge von 60 – 80 cm seinen Hals und Kopf auch in Schrecksituationen frei aufrichten kann und nicht eingeschränkt wird. Zu kurzes Anbinden kann dazu führen, dass das Pferd sich in Schrecksituationen versucht loszureißen. Dadurch kann es sich und den Menschen in Gefahr bringen und verletzen. Bei doppelseitiger Anbindung sind die Anbinderinge am sichersten in Schulterhöhe oder höher befestigt. Die Anbindelänge wird so bemessen, dass das Pferd sich im Kopfhalsbereich natürlich frei bewegen kann. Die Stricke dürfen aber nicht so lang sein, dass es in die Stricke hineintreten oder mit dem Kopf darunter kommen kann. Das Anbinden geschieht immer durch einen Sicherheitsknoten, der Strick muss einen Panikhaken haben, damit dieser im Notfall möglichst schnell gelöst werden kann.
Pferde dürfen niemals an beweglichen Teilen wie Türen, Toren, Zaunlatten oder Geländern angebunden werden. Das Anbinden in einer Box darf nur passieren, wenn das Pferd mit den Boxennachbarn befreundet ist. Sonst kann es durch Pferdestreitigkeiten zu Gefahrenmomenten für den Menschen kommen. Zum Anbinden wird immer ein Stallhalfter benutzt, niemals die Trense, das Knotenhalfter oder der Kappzaum.

AUFTRENSEN

Im Reitabzeichen 7 und auch bei anderen Aufgaben wird das Führen auf Trense gefordert. Das Auftrensen gleicht dem Ablauf des Aufhalfterns (siehe Seite 27). Man steht auf der linken Pferdeseite neben dem Pferdekopf, löst den Anbindestrick und legt dann als Erstes die Zügel über den oberen Pferdehals, damit man nach dem Halfterabnehmen das Pferd am Weglaufen hindern kann. Das Halfter hängt man auf oder legt es so zur Seite, dass niemand hineintreten kann.
Dann greift man mit dem rechten Arm von unten um den Pferdekopf und legt dabei die rechte Hand auf den Nasenrücken, um den Kopf in Position zu halten. Dabei hält man die Trense in Höhe der Backenstücke fest. Das Gebiss wird auf die linke Hand gelegt und vor die Schneidezähne gehalten, ohne diese zu berühren. Öffnet das Pferd sein Maul nicht selbstständig, wird mit dem Daumen der linken Hand ein leichter Druck zum Öff-

nen auf die Lefzen oder die Laden des Pferdemauls ausgeübt.
Die linke Hand schiebt das Gebiss ins Maul, die rechte Hand hebt das Kopfstück nach oben, damit das Gebiss nicht wieder ausgespuckt wird. Die nun freie linke Hand übernimmt das Zaumzeug am Genickstück und hebt es über das rechte Pferdeohr, das dabei mit der rechten Hand nach vorne geklappt wird. Dann hebt die linke Hand das Genickstück über das linke Ohr, welches ebenfalls mit der rechten Hand nach vorne geführt wird. Dadurch wird ein Einklemmen der Ohren unter dem Genickstück verhindert. Mähne und Schopf werden unter dem Genickstück geordnet, besonders wichtig bei empfindlichen Pferden. Zuerst wird der Kehlriemen geschlossen, sodass eine aufrechte Faust unter der Kehle Platz hat. Er soll ein ungewolltes Abstreifen der Trense verhindern. Dann wird der Nasenriemen und ein eventuell vorhandener Sperrriemen des Reithalfters geschlossen. Beim Abtrensen löst man die Riemen in umgekehrter Reihenfolge. Nimmt das Pferd beim Auftrensen den Kopf hoch, um auszuweichen, sollte man zunächst das Absenken des Pferdekopfes erarbeiten. Dazu wird die rechte Hand im Genickbereich hinter den Ohren auf den Hals gelegt und mit sanftem Druck der Finger wird das Pferd dazu aufgefordert, den Kopf zu senken.

Checkliste

FÜHRTRAINING HALLE UND REITPLATZ

- ☐ Der Platz muss eingezäunt sein.
- ☐ Keine Reiter in der Bahn
- ☐ Es sollten möglichst keine Störfaktoren vorhanden sein.
- ☐ Kleine Gruppen, je nach Ausbildungsstand und Platzgröße 2 – 4 max. 6 Pferde
- ☐ Sicherheitsabstände einhalten: 2 Pferdelängen, ca. 4 – 6 Meter
- ☐ Der Bewegungsdrang der Pferde muss vorher befriedigt worden sein (Weidegang, Offenstallhaltung). Maßvolles Reiten oder Longieren sind vorher einzuplanen. Die Konzentrationsfähigkeit muss erhalten bleiben.
- ☐ Nie das Seil, die Longe oder die Zügel um die Hand wickeln, Schlaufen haben ca. 40 cm Durchmesser.
- ☐ Trensenzügel am Ende öffnen, Pferd oder Mensch könnten sonst hineintreten
- ☐ Mit einfachen Übungen beginnen
- ☐ Mensch und Pferd sollten vom Ausbildungsstand harmonisch zusammenpassen.
- ☐ Unerfahrene Menschen brauchen zur Vertrauensbildung sichere zuverlässige Pferde.
- ☐ Unerfahrene Pferde brauchen zur Anleitung erfahrene Menschen.

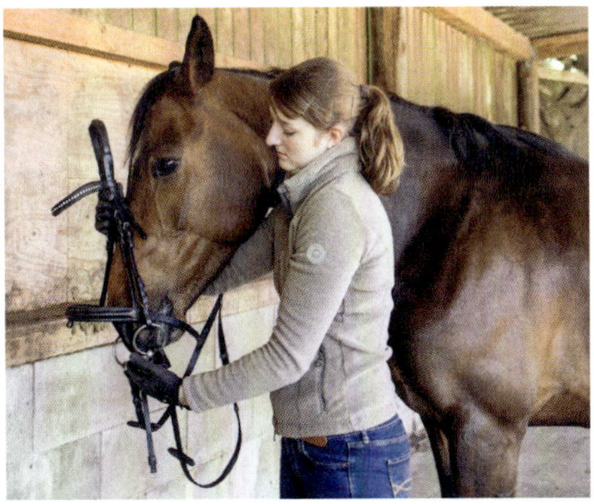

Die rechte Hand begrenzt den Pferdkopf in eine senkrechte Position.

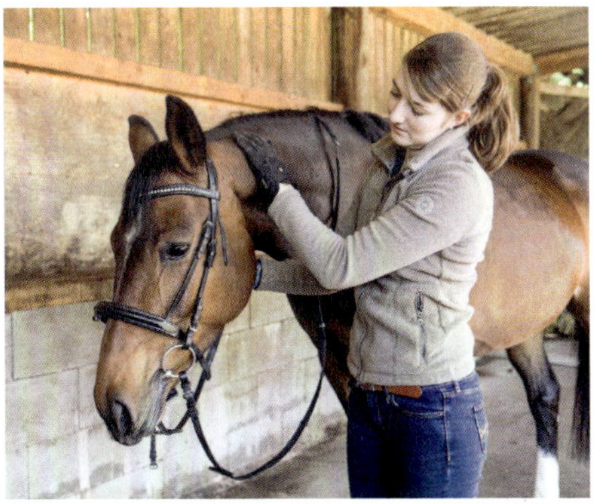

Valencia wartet mit entspanntem Hals, bis alles richtig verschnallt ist.

Beim Führen auf Trense werden …

… die Zügel in Schlaufen gehalten.

Turnierkleidung gehört zur Abzeichenprüfung.

FÜHREN AUF TRENSE

Zum Führen werden die Zügel ca. 30 - 50 cm unterhalb der Gebissringe in die rechte Hand genommen und dabei mit ein bis zwei Fingern geteilt. Der linke Zügel wird zwischen Daumen und Zeigefinger gehalten und der rechte Zügel zwischen Mittel- und Ringfinger. Die Zügelenden liegen ein- bis zweimal gefaltet mit in der rechten Hand, wobei die Schnalle am Zügelende offen sein soll. Bei kleinen Kinderhänden können die Zügelenden auch mit der linken Hand getragen werden. Bei Führen auf Trense ist die Einwirkung auf das Pferd über die Stimme und Körpersprache besonders wichtig. Es gibt die Möglichkeit, zum Treiben eine Gerte mitzunehmen. Der Einsatz der Gerte sollte aber gezielt und reduziert sein, damit sich das Pferd nicht vorrangig an den Signalen mit der Gerte orientiert. Die Gerte wird zum Treiben direkt hinter der Pferdeschulter touchierend eingesetzt. Sobald das Pferd richtig reagiert, wird die Gerte wieder gesenkt und passiv neben dem eigenen Körper getragen.

Als verhaltende Hilfe kann man mit der Gerte vorne an das Buggelenk tippen, niemals gegen den vorderen Hals oder Kopf des Pferdes. Das Verständnis für die Einwirkung wird zunächst im Halten erarbeitet. Das Pferd soll dabei seinen Schwerpunkt nach hinten verlagern und eventuell einen halben Schritt zurücktreten. Wird die verhaltende Hilfe bei einem vorwärtsdrängenden Pferd das erste Mal eingesetzt, führt sie in der Regel nicht zum Erfolg, weil das Pferd die Umsetzung noch nicht verinnerlicht hat. Deshalb wird das Zurücknehmen des Tempos in Ruhe und geduldig erarbeitet. Auch die verhaltende Einwirkung besteht aus einer Kombination von Körpersprache, Stimme, Zügeleinwirkung auf das

Gebiss, erst danach kommt, falls notwendig, die Einwirkung mit der Gerte dazu.

PASSIEREN ANDERER PFERDE

Wenn Pferde auf der Stallgasse aneinander vorbeigeführt werden, sind einige Regeln zu beachten, um Verletzungen von Mensch und Pferd zu vermeiden. Es gibt durchaus Pferde, die sich nicht leiden können oder deutliches Geschlechtsverhalten und Imponiergehabe zeigen und deshalb versuchen, andere Pferde zu beißen oder nach ihnen auszuschlagen. Wichtig ist in allen Situationen, dass ich zügig an dem anderen Pferd vorbeigehe, die Körpersprache des Pferdes gut deuten kann und dann auch entsprechend reagiere. Ohren anlegen und ein verkniffenes Maul sind offensichtliche Anzeichen für „schlechte Laune“. Die Pferde sollen nicht aneinander schnuppern und ein ausreichender Sicherheitsabstand sollte eingehalten werden.
Auch ein Heben und Drohen mit dem Hinterbein sollte nicht übersehen werden. Daraus kann sich durchaus eine Attacke auf das vorbeigeführte Pferd entwickeln. Eine deutliche, selbstbewusste Ansprache durch den Menschen sollte die Situation entschärfen können oder man holt sich sicherheitshalber einen Helfer dazu.

Bestimmtes, zügiges Vorbeiführen auf gerader Linie mit gutem Zwischenraum.

Die Rappstute schaut gespannt, wer von hinten kommt. Sie soll trotzdem stehenbleiben.

Führen in korrekter Position hinter dem Pferdekopf.

Neben der Sattellage, um Reiter sichern zu können.

FÜHRPOSITIONEN NEBEN DEM PFERD

— Ganz knapp hinter dem Pferdkopf in Höhe des Genicks: Bei kurz gehaltenem Strick ist eine präzise Einwirkung möglich z. B. in engen Wendungen (Labyrinth), wirkt tempoverzögernd z. B. bei aufgeregten Pferden.
— Mitte Hals kurz vor der Pferdeschulter bei etwas länger gehaltenem Strick: gute Position für treibende Einwirkung am Bauch des Pferdes in Höhe der Sattellage und bei Pferden, die schon gut auf die Körpersprache reagieren
— Neben der Sattellage bei unsicheren Reitern bzw. kleinen Kindern zur Absicherung und Möglichkeit schnellen Eingreifens.
— Neben der Hinterhand: nur für sehr erfahrene Menschen und gut ausgebildete Pferde in der Arbeit von Seitengängen (bei ungestümen oder in ihrem Benehmen noch unsicheren Pferden birgt diese Position Unfallrisiken wie Ausschlagen oder Wegstürmen).

PRÄZISES FÜHREN

Beim Führen soll man das Pferd nicht nur hinter sich herziehen, sondern als Vorstufe für alle anderen Beschäftigungsarten mit dem Pferd (Reiten, Fahren o. Ä.) geht man so neben dem Pferd, dass man verhaltend und treibend einwirken kann. Dadurch kann man Einfluss nehmen auf das Tempo, den Fleiß und die Richtung des Pferdes. In der Grundposition geht man mit einer halben Armlänge direkt hinter dem Pferdekopf neben dem Hals des Pferdes. Gutes Führen sieht einfach und selbstverständlich aus.
Das Pferd geht am leicht durchhängenden Führseil und passt sich der Geschwindigkeit und der Bewegungsrichtung des Menschen an. Der Führende geht sicher und mit klarer Körpersprache auf der gedachten Linie. Er passt sich in seinem Bewegungsrhythmus dem des Pferdes an, sodass eine Bewegungseinheit entsteht. Durch das Anpassen an den Bewegungsrhythmus des Pferdes werden die Hilfen für das Pferd weich eingeleitet und können gut umgesetzt werden. Sowohl die treibenden wie die verhaltenden Hilfen müssen sich immer auf den Bewegungsmoment der Pferdebeine beziehen, damit sie ohne Störung umgesetzt werden können. Im Abfußen soll der Impuls auf das entsprechende Bein treibend oder verhaltend wirken, damit sich das Pferd in einer guten Balance bewegen kann. Minimales Vorneigen des Oberkörpers und Gewichtsverlagerung auf das vortretende Bein signalisiert dem Pferd, dass es antreten soll. Das energischere Vorwärtsschreiten veranlasst es zum fleißigeren Mitgehen. Das eigene Antraben soll das Pferd ebenfalls zum Antraben animieren, das Wechseln in den Galopprhythmus dient bei geschulten Pferden als Galopphilfe. Besonders im Ponyanfängerbereich kann das eine

wertvolle Hilfe beim Erlernen des Galoppierens sein.
Reagiert das Pferd noch nicht sicher auf die Körpersprache, werden außer der Stimme noch die treibenden Hilfen mit dem Seil oder der Gerte eingesetzt.

ANHALTEN UND STEHENBLEIBEN

Zum Führen gehört natürlich auch die Übung „Anhalten". Zunächst muss das Anhalten aus dem Schritt durch verhaltende Signale eingeleitet werden Bei der Einwirkung über das Führseil oder die Zügel sollte unbedingt darauf geachtet werden, dass das Pferd geradeaus gestellt bleibt, ansonsten weicht es gerne mit der Hinterhand aus.
Die Hilfen über das Seil oder den Zügel sollten sich mit fortgeschrittener Übung sehr deutlich reduzieren. Nach einiger Übung wird auch das Anhalten aus dem Trab gut gelingen.
Zum Anhalten bereitet man das Pferd mit Stimmsignalen vor („hooooo" oder „brrrrr"). Es sollte immer das gleiche Signal sein. Dann verzögert man den Bewegungsrhythmus, bleibt mit dem Oberkörper etwas zurück, verlagert sein Gewicht auf das Standbein und schließt mit dem anderen Bein zum geschlossenen Halten heran. Genauso soll dieses Halten auch vom Pferd ausgeführt werden. Deshalb ist es notwendig, auf die Balance des Pferdes zu achten, damit es im Halten geschlossen steht. Zu viel Einwirkung auf das Halfter bzw. den Kopf des Pferdes führt meist dazu, dass das Pferd sich auf der Hand des Führenden abstützt und danach nicht geschlossen steht. Reagiert das Pferd nicht ausreichend auf die Körpersprache des Menschen und leichte Einwirkung mit dem Halfter, wirkt das Touchieren mit dem Seil gegen das Buggelenk des Pferdes als deutlichere Hilfe zum Anhalten oder Verringern des Tempos.
Auch hier gilt der Grundsatz, dass die Intensität der Einwirkung etwas gesteigert wird, bis eine gute Reaktion des Pferdes kommt. Aber nicht mit den Hilfen überfallen! Wird auf Trense geführt und mit einer Gerte als Unterstützung gearbeitet, muss das Verständnis für die Einwirkung bzw. Hilfe mit dem Gertenknauf am Buggelenk erst in kleinen Lernschritten erarbeitet werden.

GEHORSAMES STILLSTEHEN

Ruhiges, gelassenes Stillstehen (einige Minuten) sollte für jedes Pferd selbstverständlich sein. Es muss deshalb zur Ausbildung dazu gehören. Zunächst wird es nach einer Bewegungsaufgabe als Entspannung genutzt, immer an der gleichen Stelle und gerne neben einem ruhigen Nachbarn. Das Pferd fühlt sich in der Gruppe geborgen und wird das Halten als Belohnung empfinden. Ein Stimmsignal unterstützt die Übung, z. B. „hoooo" oder „haaaalt". Es muss immer gleich sein. Sollte das Pferd im Halten seitlich ausweichen, wird es zügig wieder auf den ursprünglichen Platz zurückgestellt und dann folgt das erneute Stimmkommando und im Halten ein Loben des Pferdes

Im Halten ist das Pferd geradeaus gestellt.

Rückwärtstreten mit Gertensignal am Buggelenk.

Abgestimmtes Zusammenspiel zwischen Zügeleinwirkung, Gertensignal und Körpersprache ergibt ein gutes, diagonales Rückwärtstreten.

RÜCKWÄRTSTRETEN LASSEN

Rückwärtstreten des Pferdes wird in verschiedenen Alltagssituationen gebraucht und sollte mit dem Pferd gut erarbeitet werden. Es dient auch zur Überprüfung der Geschmeidigkeit und Durchlässigkeit des Pferdes in der Umsetzung der Hilfengebung. Es ist für das Pferde zunächst immer mit einer gewissen Selbstüberwindung verbunden, denn Sie können genau in dem Bereich, in den sie treten sollen, nichts sehen Deshalb müssen Pferde in kleinen Übungsschritten lernen, dem Menschen zu vertrauen, wohin sie rückwärts treten. Diese Übung sollte auf keinen Fall als Strafe eingesetzt und missbraucht werden. Das Belohnen einzelner Schritte rückwärts verbessert die Geschmeidigkeit des Pferdes und die Umsetzung der Hilfengebung.

Zunächst soll das Pferd ruhig und gelassen halten und im Gleichgewicht mit leicht gesenktem, entspanntem Hals stehen. Dann dreht der Mensch sich zum Pferd um und steht neben dem Pferdekopf. Er richtet sich auf und deutet einen Schritt in Richtung Pferdeschulter an. Gleichzeitig gibt er ein Stimmsignal z. B. „Zuuuurück". Es sollte immer dasselbe Signal sein für diese Übung.

Das Pferd lernt dabei, sich selber besser auszubalancieren. Die Einwirkung des Führenden spielt dabei eine große Rolle. Er darf sich zum Anhalten nicht mit Kraft und seinem Körper gegen das Pferd stemmen, sondern muss über die präzise Hilfengebung zum Ziel kommen. Die Einwirkung wirkt immer auf das abfußende Bein, nicht auf das stehende.

Im weiteren Verlauf der Ausbildung mit dem Pferd bleibt der Mensch parallel zum Pferd stehen und geht auf geraden Strecken zusammen mit dem Pferd rückwärts, der Mensch schaut dabei in dieselbe Richtung wie das Pferd. Dabei verlagert man seinen Schwerpunkt nach hinten, gibt das Stimmsignal und einen Impuls am Halfter oder Buggelenk des

Pferdes, um dann zusammen mit dem Pferd rückwärtszutreten. Das Seil wird recht kurz angefasst, um die Signale vom Timing her genau geben zu können. Unterstützend kann das Seilende/Schlaufe in einem weichen Impuls vor bzw. gegen das Buggelenk geschwungen werden. Diese unterstützenden Hilfen sollen sich verringern, sodass bei einem gut trainierten Pferd/Menschpaar alleine die Körpersprache ausreicht, um die Übung zu absolvieren.
Wenn das Pferd sein Gleichgewicht nach hinten verlagert, kann mit einem Berührungsimpuls durch die Hand, das Führseil oder den Gertenknauf am Buggelenk ein Tritt rückwärts ausgelöst werden. Am Anfang sollte das Pferd für diesen einen willigen Rückwärtstritt sofort gelobt werden. Erst nach und nach werden mehrere Tritte verlangt. Das Pferd soll diagonal rückwärtstreten und in dieser Übung immer losgelassen im Rücken bleiben und nicht mit steifen Beinen gegenstemmen. Dann verliert diese Übung ihren vertrauensbildenden Charakter.
Sollte das Pferd mit der Hinterhand zur Seite ausweichen gibt es verschiedene Korrekturmöglichkeiten:

- Den Pferdekopf geradestellen bzw. zu der Seite stellen, zu der das Pferd ausweicht.
- Mit der Hand, Führseil oder Gerte das Pferd optisch an der ausweichenden Seite begrenzen.
- Auf dem Hufschlag anhalten, dann an der Bande rückwärtstreten lassen.

Für unsichere Pferde ist es zunächst leichter im freien Raum rückwärtszutreten als eingeengt. Deshalb sollte zuerst die sichere gute Hilfengebung ein gerades Rückwärtstreten begleiten. Erst mit größerem Vertrauen gehen Pferde willig zwischen Gegenständen rückwärts.
Als Orientierungshilfe für noch ungeübte Menschen helfen auch folgende Übungen:

- In Pylonengasse rückwärtstreten lassen.
- Zwischen zwei Stangen rückwärtstreten lassen.

ANTRETEN LASSEN IM SCHRITT

Zum Führen fasst der Mensch mit der rechten Hand den Führstrick ca. 20 - 40 cm unterhalb des Hakens an und fordert sein Pferd durch ein Stimmsignal (Schnalzen) in Verbindung mit der Körpersprache zum Vorwärtsgehen auf. Die Körpersprache sollte das Pferd dazu auffordern, mit dem Menschen gemeinsam vorwärtszugehen. Deshalb wird das Pferd zunächst mit dem Stimmsignal vorbereitet und aufgefordert anzutreten. Der Mensch verändert dabei seine Balance und geht dann zeitgleich mit dem Pferd los. Reagiert das Pferd zunächst noch nicht zügig genug, greift man das Führseil vorübergehend etwas kürzer direkt unterhalb des Hakens und schiebt den Pferdekopf leicht voran. Dann wiederholt man die Stimmsignale zum Antreten. Als nächstmögliche Verstärkung folgt die taktile Signalgebung durch Berührung. Mit dem Seilende oder einer Gerte wirkt man direkt hinter der Pferdeschulter durch leichtes Touchieren so lange treibend auf das Pferd ein, bis es antritt. Dann reduziert man sofort wieder die treibende Einwirkung und wiederholt das Ganze bei Bedarf, bis man die passende Reaktion des Pferdes erhält. Die positive Bestätigung für das Pferd ist jeweils das Aussetzen der taktilen Einwirkung und ein Lob mit der Stimme.
Wenn man auf der rechten Pferdeseite führt, hält man das Seilende in der linken Hand und gibt die Signale entsprechend mit der rechten Hand.
Versucht man, das Pferd nur durch Vorwärtsziehen am Seil zu führen, kann das Pferd mit deutlicher Abwehr reagieren. Das Pferd ist immer stärker als der Mensch. Pferde, die noch ungestüm sind, werden keinesfalls an zu kurzem Strick geführt, denn beim Wegspringen könnten sie sonst zu leicht den Strick aus der Hand reißen. Das kann zu Verletzungen im Hand-, Arm- und Schulterbereich des Menschen führen.

Loben des Pferdes für ruhiges Stehen.

Zum Seitenwechsel einen Schritt vor, ...

... dann vor dem Pferd drehen und die ...

... Zügel in der anderen Hand ordnen.

FÜHREN IM SCHRITT

Zunächst führt der Mensch sein Pferd auf dem Hufschlag entlang und geht dabei auf der Innenseite, um eine gerade Linie führen zu können. Sind allerdings Außeneinflüsse wie eine Tribüne oder Geräusche von außen vorhanden, geht der Mensch zwischen den Störquellen und dem Pferd und hält dabei aber ausreichend Abstand zur Bande/Zaun, um nicht eingezwängt zu werden. Zwei bis drei Meter Zwischenraum zum Hufschlag sind zu empfehlen.

Beim Führen muss der Individualbereich von Mensch und Pferd eingehalten werden, das heißt, zwischen den beiden Individuen sollte ein Zwischenraum von ca. 50 cm gleichmäßig eingehalten werden.

Besonders bei stürmenden Pferden versuchen viele Menschen durch Stemmen des eigenen Körpers gegen die Pferdeschulter, das Pferd im Tempo zu regulieren. Das ist keine Lösung

Konzentriertes Anführen der Stute Balluca: im Gleichschritt mit Stimmsignal und Körpersprache.

und führt in aller Regel nicht zum gewünschten Erfolg. Ziel der Bodenarbeit ist es, die Kommunikation zwischen Mensch und Pferd so zu gestalten, dass das Pferd ruhig, gehorsam und vertrauensvoll auf die feinen Signale des Menschen reagiert. Diese sind: Körpersprache, Stimme und die taktilen Hilfen mittels Halfter, Trense, Leitseil und Gerte.

003

Führen und Seitenwechsel
In diesem Film wird das Führen und der Seitenwechsel erklärt.

SEITENWECHSEL UND FÜHREN VON BEIDEN SEITEN

Neben dem klassischen Führen mit der rechten Hand gehört auch der Seitenwechsel mit zur Ausbildung. Pferde sollen auf beiden Seiten gleichmäßig gymnastiziert werden und keine Seite darf durch zu lange Beanspruchung überlastet werden. Notwendig wird der Seitenwechsel in Situationen, wenn durch ein eventuelles Scheuen des Pferdes der Mensch in Gefahr kommen könnte. Durch äußere Einflüsse könnte der Mensch vom scheuenden Pferd überrannt werden (z. B. aus Angst vor wehenden Planen, Zuschauern oder Unruhe auf der Tribüne).
Der Mensch bringt sich durch den Seitenwechsel aus der Gefahrensituation und signalisiert dem Pferd Sicherheit und Mut vor den Stressauslösern.
Der Seitenwechsel wird zunächst im Halten erarbeitet. Der Mensch steht auf der linken Pferdeseite und schaut dabei in die gleiche Richtung wie das Pferd. Er gibt dem Pferd ein Signal zum Halten und Stehenbleiben, macht mit dem rechten Bein einen großen Schritt vorwärts-seitwärts vor das Pferd, macht dann auf diesem Bein eine halbe Drehung mit Blickrichtung zum Pferd und setzt das linke Bein auf der neuen Pferdeseite auf, um dann wieder in der Vorwärtsrichtung, jetzt auf der rechten Seite neben dem Pferd zu stehen.
Der Wechsel von rechter Seite zu linker Pferdeseite wird zunächst mit dem linken Bein vorgehend und entsprechend wie vorher durchgeführt. Der Seitenwechsel kann mit einiger Routine dann auch in der Bewegung durchgeführt werden. Wichtig ist aber, die Signalgebung an das Pferd, das Tempo und die Schrittlänge vor und während des Wechsels zu verkürzen, damit das gut ausgebildete und aufmerksame Pferd das zügige Vorwärtstreten des Führenden nicht falsch interpretiert.

Aus der Rechtswendung zunächst geradestellen, dann die Linksbiegung entwickeln.

GANGMASSWECHSEL IM SCHRITT

Pferde müssen sich in ihrem Tempo dem Menschen anpassen. Das wird erst im Schritt erarbeitet. Zunächst soll der Mensch lernen, durch seine Einwirkung das Tempo des Pferdes zu verändern. Treibende Hilfen werden über eine vermehrte Körperspannung übertragen, sprich Aufrichten im Oberkörper und energischeres, fleißigeres Gehen. Reagiert das Pferd noch nicht ausreichend, kommt die touchierende Signalgebung mit dem Seilende oder der Gerte als Verstärkung hinzu, bis das gewünschte Tempo erreicht wird. Die Signale werden nicht permanent gegeben, sondern in der Intensität steigend und dann auch wieder innehaltend. Zum Verlangsamen des Schrittmaßes wird das eigene Tempo reduziert, der Oberkörper bleibt etwas zurück und man gibt ein verzögerndes Stimmsignal, z. B. „Hoooooo", und ein verhaltendes Signal mit dem Seil.

SLALOM

Unter Slalom versteht man das Führen des Pferdes in leicht gebogenen Wendungen um eine gewisse Anzahl von Pylonen oder Hütchen herum. Pferd und Mensch sollen dabei eine Einheit bilden und gleichmäßig in Tempo und Richtung gehen.
In den Wendungen nach rechts geht der Mensch etwas weiter vorne am Pferdekopf, dabei soll das Pferd nach rechts ausweichen und sich dabei nach rechts in der Genick- und Halsstellung und im Idealfall auch in der Längsbiegung des Rumpfes der Schlangenlinie anpassen.

Gleichmäßig nach links gebogen, mit Körpersprache wird die Rechtsbiegung vorbereitet.

Der Mensch dreht sich im Körper auch etwas nach rechts und geht aufrecht, selbstbewusst und zielstrebig auf der gedachten Linie und begrenzt durch seine eigene Körperhaltung den Weg des Pferdes. Die linke Hand bzw. der linke Arm können bei Bedarf durch Einwirken mit dem Führseil oder mit der Touchiergerte auf die linke Schulter des Pferdes den Weg klarer bestimmen. Dabei schwingt man das Führseil mit der linken Hand hinter seinem eigenen Rücken in Richtung oder gegen die Pferdeschulter. Nach einigem Üben genügt meist schon ein Schwingen des Armes nach hinten und das Pferd reagiert auf das Signal.
In der Wendung nach links dreht der Mensch sich leicht nach links und bleibt etwas weiter zurück, kurz vor der Pferdeschulter. Das Pferd soll sich in der Linkswendung nach links stellen und sich in der Längsbiegung der Schlangenlinie anpassen. Der Mensch treibt das Pferd etwas, da es einen etwas längeren Weg gehen muss.
Er muss auch darauf achten, dass er das Pferd nicht hinter sich kommen lässt, da sonst die Gefahr besteht, dass es zu dicht neben den Füßen des Menschen auftritt und ihn dabei verletzt. Gerade in der Wendung nach links ist das Einhalten der Führdistanz zwischen Mensch und Pferd sehr wichtig und konsequent einzuhalten.

004

Slalom
Das Video zeigt das Führen im Slalom mit Halfter, Trense und Leitseil.

Williges Traben an der Hand: Carolin und Candira schauen geradeaus, Carolin trägt ihre rechte Hand. Der Zwischenraum ist so groß, dass ein Anrempeln vermieden wird.

Candira reagiert sehr aufmerksam auf die fließende Vorbereitung zum Halten. Carolin hat das richtige Timing, Körpersprache und Stimme sind im Einklang.

TRABEN AUF GERADER LINIE

Es gibt immer mal Situationen, in denen das Pferd an der Hand vorgetrabt werden muss. Zum Beispiel bei einer Gesundheitskontrolle, beim Mustern auf der Dreiecksbahn, zur Präsentation o. ä. Deshalb sollte man das mit seinem Pferd auch trainieren. Zunächst muss aber der Gangmaßwechsel im Schritt (siehe Seite 38) sicher durchgeführt werden können. Zum Antraben verstärkt man die treibenden Signale von Stimme, Körpersprache und eventuell Touchieren mit Leitseil oder Gerte. Der Mensch macht schnellere, kürzere Schritte und trabt dann auch an, um im gleichen Rhythmus zu sein wie das Pferd.
Es ist wichtig, dass das Antraben in Ruhe durchgeführt wird. Sobald zu viel Druck für das Pferd entsteht, könnte es anfangen zu stürmen und sich dabei der Kontrolle vor allem beim Führen unerfahrener Menschen entziehen. Das Trabtempo wird so gewählt, dass der Führende gut mitlaufen kann. Es kommt zunächst noch nicht auf die Präsentation der Trabverstärkung an, sondern auf ein taktmäßiges, ruhiges, losgelassenes Traben, aus dem jederzeit zum Schritt oder Halten durchpariert werden kann. Das Pferd muss dabei immer geradeaus gestellt sein.

TEMPOWECHSEL

Der Tempowechsel innerhalb einer Gangart soll wie beim Reiten oder Fahren geschmeidig und durchlässig ausgeführt werden. Der Mensch muss in einer guten Selbsthaltung gehen und mit dem Pferd auch im Bewegungsrhythmus eine Einheit bilden. Er muss das Pferd über Stimmsignale und die Körpersprache so vorbereiten und aufmerksam haben, dass es so aussieht, als würden fast keine Hilfen gegeben. Die Übergänge können aber nur gut gelingen, wenn der Mensch sich am Bewegungsablauf des Pferdes orientiert. Die Einwirkungen zum Treiben werden so gegeben wie zum Antreten, aber so dosiert, dass sie dem Ziel angepasst sind.

— Stimme und Körpersprache: Schwerpunkt nach vorne, fleißiger gehen.
— Treiben mit dem Seil durch Schwingen oder Touchieren in Höhe der Sattellage oder mit der Gerte touchieren im Bereich der Sattellage oder am Unterschenkel des Pferdes.
— Die verhaltenden Hilfen wirken auch nur souverän und unsichtbar, wenn sie auf den Bewegungsablauf des Pferdes abgestimmt sind.
— Immer auf das in der Luft befindliche Bein einwirken. Der eigene Schwerpunkt wird dabei etwas nach hinten verlagert, die Ferse des Fußes wird stärker belastet und das Tempo wird verringert. Das kann noch mit der Stimmhilfe unterstützt werden.
— Wichtig ist, das Pferd immer geradeaus zu stellen oder der Hufschlaglinie angepasst. Sonst läuft das Pferd schief und das führt wie beim Reiten oder Fahren zu Verspannungen beim Pferd.

GANGARTENWECHSEL

Um von einer Gangart in eine andere zu wechseln, muss der Führende den Rhythmus der entsprechenden Gangart vorgeben. Zum Antraben treibt man entsprechend mit der Stimme und dem Seil oder der Gerte in Höhe der Schenkellage nach, bis beide im Trab sind. Das Pferd muss Vertrauen haben und gelernt haben, auf die treibenden Hilfen zu reagieren. Bei Ponys oder Pferden, die sehr langsam traben können, kann der Mensch selber auch im Schritt weitergehen. Über seine Hilfengebung gibt er aber den neuen Takt vor. Das geht auch im Galopp. Dazu muss das Pferd aber schon weiter ausgebildet sein und schon recht langsam galoppieren können. In der Ausbildungsphase wird das Pferd schnellere Lernfortschritte machen, wenn der Mensch den Takt der gewünschten Gangart mitgeht.

VERSCHIEBEN DER VORHAND

Beim Verschieben der Vorhand wird die Vorhand seitlich bewegt und die Hinterhand bewegt sich dabei auf der Stelle. Diese Übung wird auch im Alltag gebraucht, z. B. beim Rückwärtstreten in einen Putzstand.
Der Führende steht direkt vor der Pferdeschulter, bei unerfahrenen Pferden mit Blickrichtung Kruppe, bei geübten Pferden Blickrichtung Pferdekopf.
Er gibt am kurz angefassten Seil einen Impuls in die geplante Seitwärtsrichtung des Pferdes. Dabei achtet er auch auf die Gewichtsverlagerung des Pferdes, um es dem Pferd leichter zu machen, die Signale umzusetzen. Dann lässt er das Pferd anfangs mehrere Schritte seitwärtstreten. In korrekter Ausführung wird die Wendung als Viertelwendung (90°), halbe Wendung (180°), Dreiviertelwendung (270°) oder ganze Wendung (360°) bezeichnet. Während des Seitwärtstretens der Vorhand wird das Pferd im Genick leicht gegen die Bewegungsrichtung gestellt. Die Vorderbeine kreuzen jeweils voreinander. Die Hinterbeine treten in einem kleinen Kreis oder auf der Stelle. Nach einiger Übung soll der Führende im gleichen Schrittablauf sein wie das Pferd und jederzeit die Seitwärtsbewegung unterbrechen können.

VERSCHIEBEN DER HINTERHAND

Das Verschieben der Hinterhand wird im täglichen Umgang mit dem Pferd gebraucht und erleichtert das Erlernen der Lektion Vorhandwendung. Der Führende stellt sich mit Blickrichtung Hinterhand in Höhe der Sattellage neben das Pferd. Durch einen Impuls auf Höhe der Schenkellage wird das Pferd dazu aufgefordert, mit der Hinterhand seitwärts zu treten.
Dieser Impuls kann durch ein Antippen mit dem Finger, durch Schwingen des Leitseils oder durch ein Touchieren mit der Gerte erfolgen. Sobald das Pferd reagiert, wird der Reiz ausgesetzt und erst zur nächsten Aufforderung wiederholt. Die Hinterbeine sollen dabei kreuzend übertreten, die Vorhand tritt auf der Stelle. Auch diese Seitwärtsbewegung muss nach jedem Schritt angehalten werden können, das Pferd soll auf Bewegungs- und Haltesignale unmittelbar reagieren und keine Eigeninitiative entwickeln.
Agiert das Pferd vor der Hilfengebung, wirkt das am Anfang des Erlernens sehr motiviert und lernwillig. Im weiteren Verlauf kann es allerdings dazu führen, dass jedes Hinblicken oder Hingehen zur Hinterhand des Pferdes ein ungewolltes Seitwärtstreten auslöst und man auf Schwierigkeiten beim Satteln oder Putzen stößt. Dann muss das Pferd für seine Übermotivation wieder korrigiert werden. Deshalb ist es sinnvoller, Bewegen und Halten in kleinen Lernschritten gleichmäßig zu erarbeiten.

SEITLICHES VERSCHIEBEN

Das seitliche Verschieben kann als Vorbereitung für das Schenkelweichen, Viereck verkleinern oder vergrößern unter dem Sattel dienen und ist eine Folge der vorbeschriebenen Übungen.
Diese Übung wird auf beiden Händen durchgeführt. Der Führende steht zunächst in Höhe der Schulter neben dem Pferd mit Blickrichtung Hinterhand. Er führt das Pferd mit der linken Hand mit recht kurz gefasstem Leitseil oder Zügel, damit er das Pferd mit klarer, präziser Einwirkung führen und stellen kann. Ähnlich wie beim Reiten wird das Pferd entgegen der Bewegungsrichtung im Genick gestellt und darauf folgt eine seitwärtsweisende Hilfe in die Bewegungsrichtung.
Die Vorwärtsbewegung wird über einen schnalzenden Stimmimpuls ausgelöst und mit einer treibenden Einwirkung durch das

Signal mit dem rechten Arm oder anfangs auch durch ein Touchieren mit dem Leitseil oder der Gerte in Höhe der Schenkellage oder Hinterhand unterstützt. Die Einwirkung sollte nicht in der Flanke eingesetzt werden, da manche Pferde dort empfindlich oder abwehrend reagieren.

Zunächst werden kurze Schrittsequenzen seitwärts geführt, bis das Pferd und der Führende genügend sicher im Handling sind. Das Pferd soll dabei vorwärts-seitwärtsgehend mit den Beinen vorne und hinten gleichmäßig kreuzen. Auch in dieser Übung muss die Bewegung des Pferdes jederzeit angehalten werden können. Das Pferd darf sich nicht vor der Hilfe bewegen und dabei lernen, dem Menschen auszuweichen, und über die äußere Schulter auszufallen. Dazu soll das Pferd lernen, auf Signale mit dem Leitseil oder der Gerte, die von links auf die äußere Schulter oder über den Rücken auf den äußeren Hüfthöcker gegeben werden, anzuhalten. Nur dann hat diese Übung einen guten Wert. Wird diese Übung mit einiger Erfahrung so ausgeführt, dass der Führende auch vorwärts in der Bewegungsrichtung geht, muss wieder darauf geachtet werden, dass das Pferd nicht über die Schulter ausweicht. Deshalb wird diese Übung immer wieder durch frisches Geradeausgehen ergänzt.

Der Mensch sollte sich eine exakte Linie (geradeaus oder diagonal) vorstellen, an der entlang er sein Pferd seitwärtstreten lassen möchte. So kann er viel sicherer bestimmen, wie viel das Pferd übertreten soll. Anfangs werden das natürlich noch weniger Schritte sein als nach einigen Trainingseinheiten. Die Pferde werden durch eine Verbesserung ihrer Geschmeidigkeit viel sicherer in ihrer Balance im seitlichen Bewegungsablauf. Daraus können sich dann auch das Seitwärtstreten über der Stange und Traversalverschiebungen weiterentwickeln. In der Traversalverschiebung wird das Pferd in die Bewegungsrichtung gestellt und gebogen und nimmt dabei mit dem Hinterbein deutlicher Last auf.

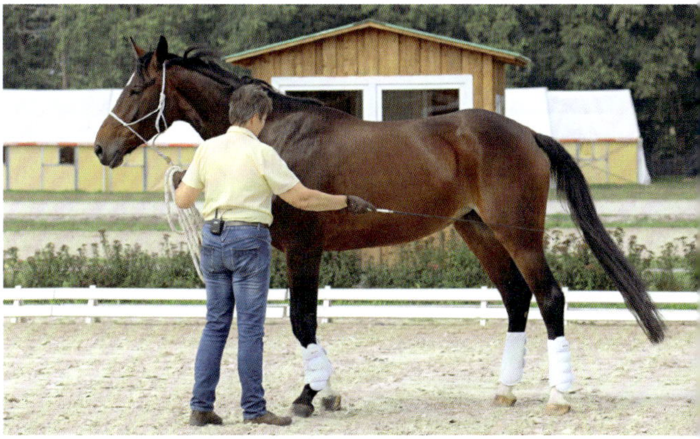

Der Start zum Verschieben der Hinterhand, hier mit Leitseil und Gerte ausgeführt.

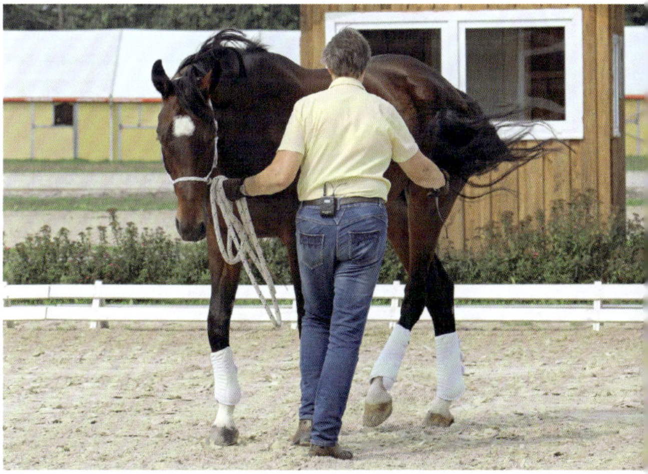

Die Hinterbeine kreuzen, die Vorderbeine bewegen sich auf der Stelle.

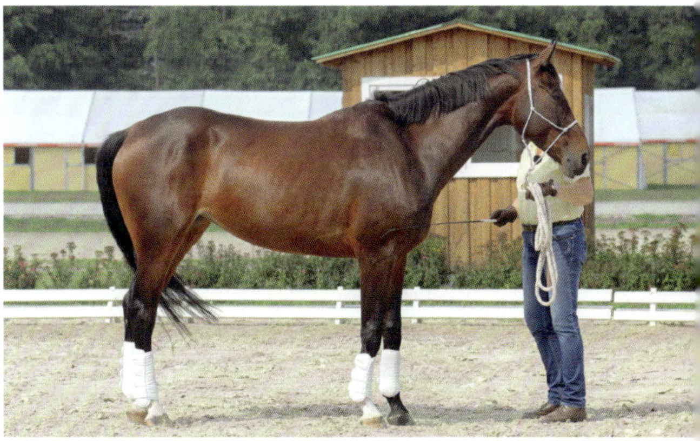

Ein guter Abschluss: Das Pferd steht gerade und fast geschlossen auf allen vier Beinen.

FÜHREN VON HUFSCHLAGFIGUREN

In der Aufwärmphase vor dem Reiten bietet sich zum Lernen das Führen von Hufschlagfiguren an. Das Pferd ist auf Trense gezäumt und es werden die unterschiedlichen Hufschlagfiguren geführt. Hilfreich ist das Aufstellen von Pylonen als Orientierungspunkte für Mensch und Pferd beim Erarbeiten von Schlangenlinien, Zirkeln, Volten, Kehrtvolten und vielem mehr. Die Hufschlagfiguren bieten sich als Einzelaufgaben oder innerhalb des Unterrichts auch als Abteilungsaufgaben an, die allerdings mit großen Sicherheitsabständen geführt werden müssen. Sie gehören auch zu den Aufgaben in den Stationsprüfungen bei den Abzeichenprüfungen (Seite 50).

005

Volten

Das Video zeigt das Führen der Volte.

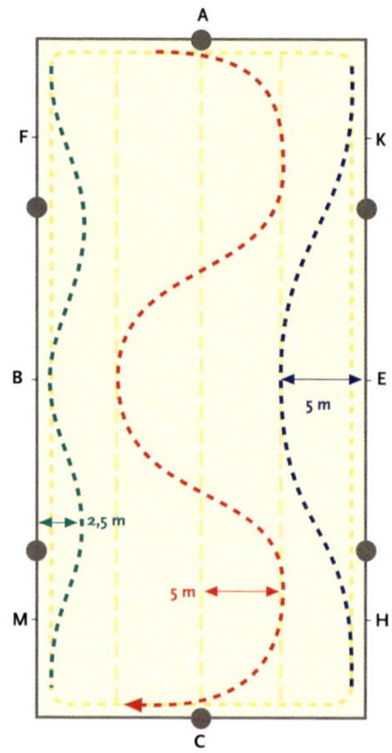

Grün: Doppelte Schlangenlinie, Abstand zum Hufschlag 2,5 m
Rot: Schlangenlinie, 3 Bogen, Abstand zur Mittellinie 5,0 m
Blau: Einfache Schlangenlinie, Abstand zum Hufschlag 5,0 m

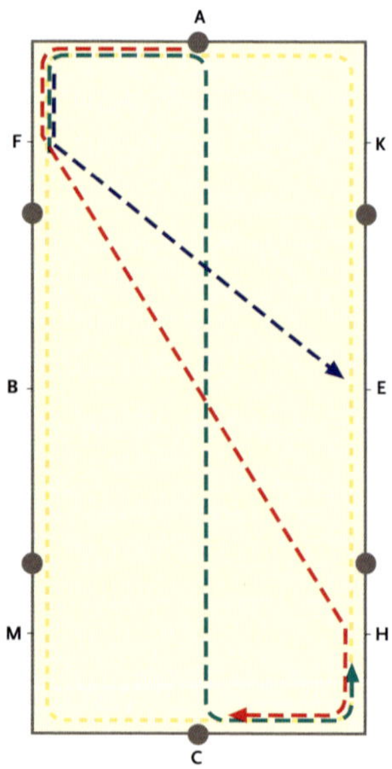

Hufschlagfiguren mit Handwechsel
Grün: Durch die Länge der Bahn wechseln
Rot: Durch die ganze Bahn wechseln
Blau: Durch die halbe Bahn wechseln

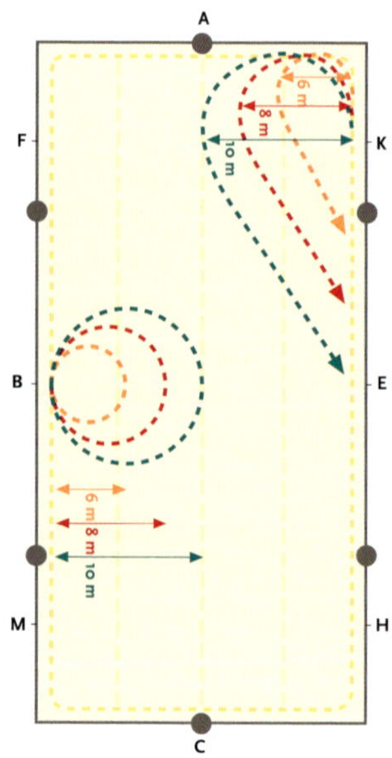

Volten und Kehrtvolten
Grün: 10 m Durchmesser
Rot: 8 m Durchmesser
Orange: 6 m Durchmesser

☞ PARCOURS 1: SCHRITT-VARIATIONEN

Dies ist ein Aufgabenbeispiel für Hufschlagfiguren mit Schritt-Variationen.

1 Im Schritt hereinführen, mit der rechten Hand führend auf der linken Pferdeseite gehend, vor den Richtern bei X halten und grüßen, im Schritt anführen

2 Durch die halbe Bahn wechseln, fleißiger Schritt

3 Langsamer Schritt

4 Mittlerer Schritt

5 Volte, 10 m Durchmesser

6 Halten und die Führseite wechseln

7 Durch die ganze Bahn wechseln, fleißiger Schritt

8 Halten, fünf Tritte rückwärtstreten lassen, daraus mittlerer Schritt

9 Seitenwechsel in der Bewegung

10 Abwenden auf die Mittellinie, langsamer Schritt

11 Fleißiger Schritt

12 Halten, vor den Richtern grüßen und die Bahn verlassen

EQUIPMENT

— 4 Pylonen für die Volte

ABSTÄNDE

— Volte: Durchmesser 10 m

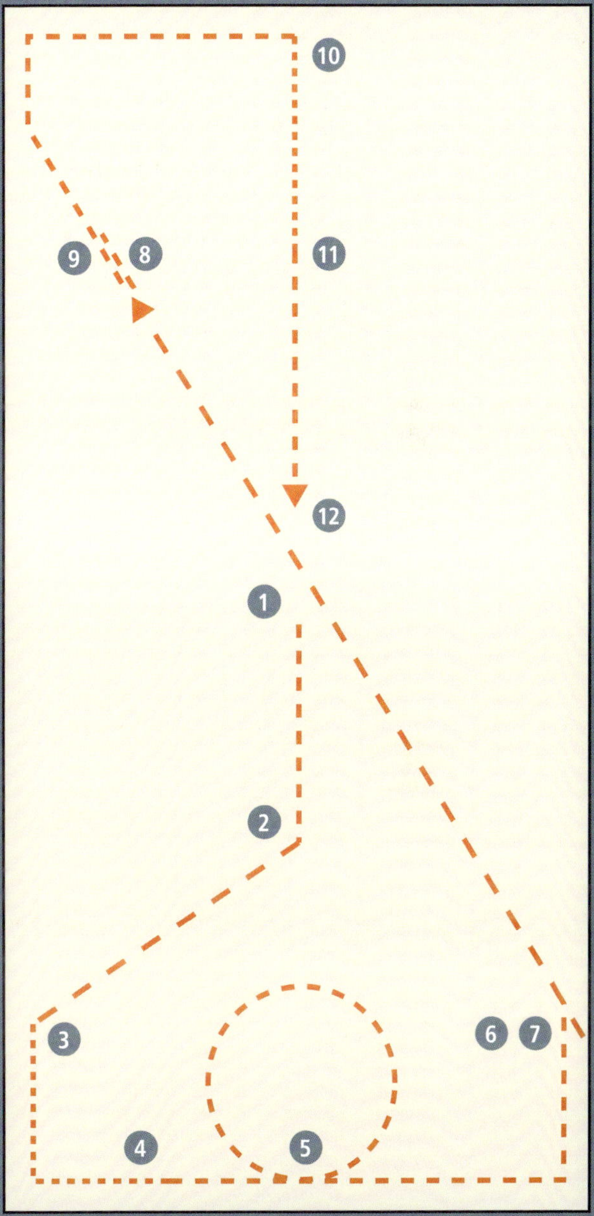

PARCOURS 2: HUFSCHLAGFIGUREN

Dies ist ein Aufgabenbeispiel für Hufschlagfiguren im fleißigen Schritt.

1 Im Schritt hereinführen, vor den Richtern bei X halten und grüßen, mit der rechten Hand führend auf der linken Pferdeseite gehend, im Schritt anführen

2 Durch die Länge der Bahn, fleißiger Schritt

3 Linke Hand

4 Einfache Schlangenlinien

5 Volte mit 10 m Durchmesser

6 Auf dem Zirkel, eineinhalb Runden

7 Aus dem Zirkel wechseln

8 Auf dem Zirkel, eine Runde

9 Schlangenlinien durch die Bahn, 4 Bogen

10 Durch die halbe Bahn wechseln

11 Rechts um

12 Halten, die Richter grüßen und die Bahn verlassen

EQUIPMENT
— 4 Pylonen

ABSTÄNDE
— Volte: Durchmesser 10 m

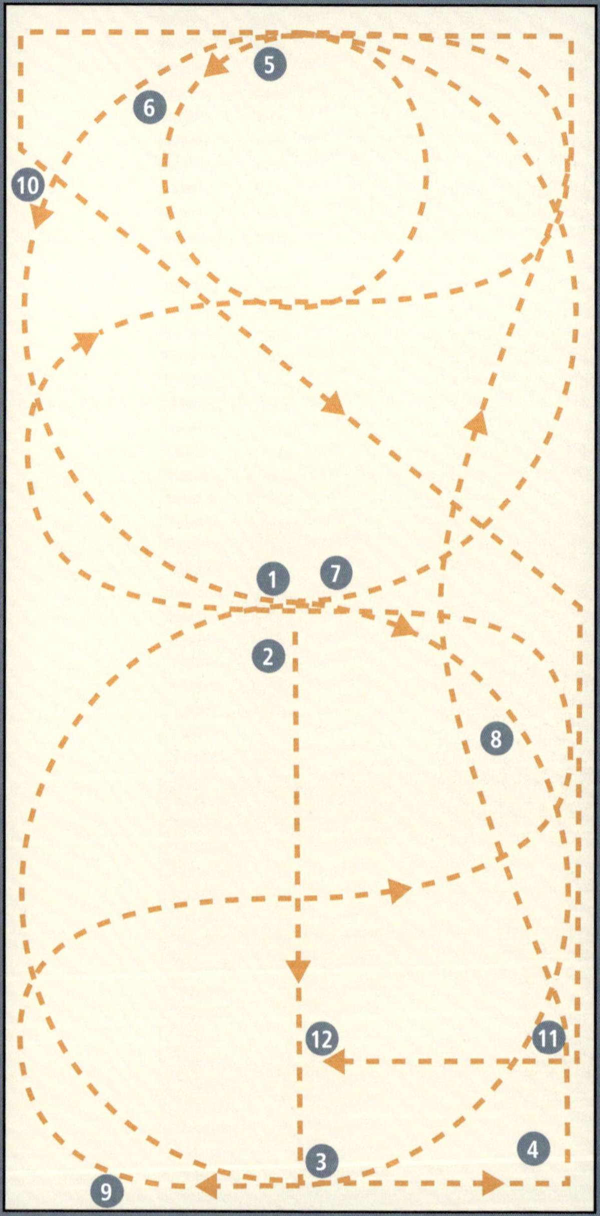

☞ PARCOURS 3: MIT SEITENGÄNGEN

Dies ist ein Aufgabenbeispiel für Seitengänge im Schritt und Trab.

1 Im Schritt hereinführen, mit der rechten Hand führend auf der linken Pferdeseite gehend vor den Richtern bei X halten und grüßen, im Schritt anführen

2 Halten, die Hinterhand um 180° verschieben

3 Anführen, nach rechts seitwärts übertreten lassen

4 Halten, Führseitenwechsel

5 Halten, Vorhand um 180° verschieben, anführen im Schritt

6 Nach links seitwärts übertreten lassen bis zum Hufschlag

7 Führseitenwechsel in Bewegung

8 Aus der Bewegung die Vorhand um 90° nach rechts verschieben

9 Antraben

10 Übergang zum Schritt

11 Aus der Bewegung die Vorhand um 90° nach rechts verschieben

12 Seitwärts übertreten lassen nach rechts bis zur Viertellinie, danach Führseitenwechsel

13 Hinterhand um 180° verschieben

14 Seitwärts

15 Halten, die Richter grüßen und die Bahn verlassen

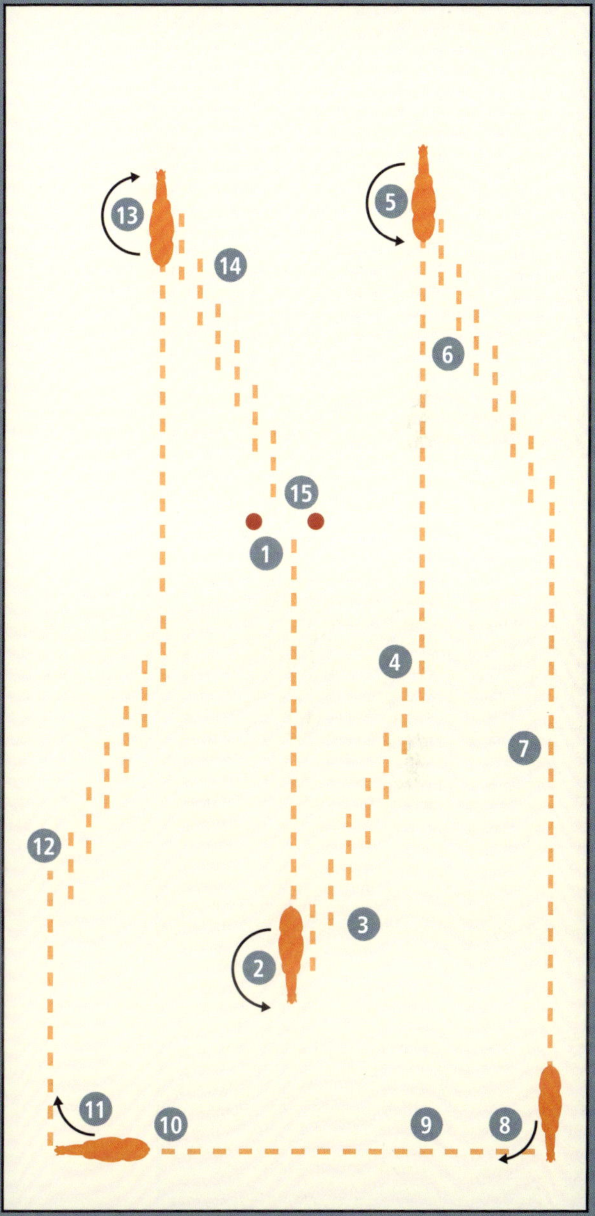

ABSTÄNDE

— 2, 6, 12, 15 Seitwärts übertreten lassen: ca. 5 m

EQUIPMENT

— 13 Pylonen

☞ PARCOURS 4: TRAB-VARIATIONEN

Dies ist ein Aufgabenbeispiel für Hufschlagfiguren im Trab.

1 Im Schritt hereinführen, vor den Richtern bei X halten und grüßen mit der rechten Hand führend auf der linken Pferdeseite gehend, im Schritt anführen

2 Antraben

3 Volte nach links, 10 m Durchmesser

4 Durchparieren zum Schritt

5 Seitenwechsel im Schritt, danach Antraben

6 Schlangenlinien 4 Bogen mit Schrittphase und Seitenwechsel auf der Mittellinie

7 Halten, eine Pferdelänge rückwärtstreten lassen

8 Antraben, ruhiger Trab

9 Halbe Diagonale, Trab zulegen

10 Halten, vor den Richtern grüßen und die Bahn verlassen

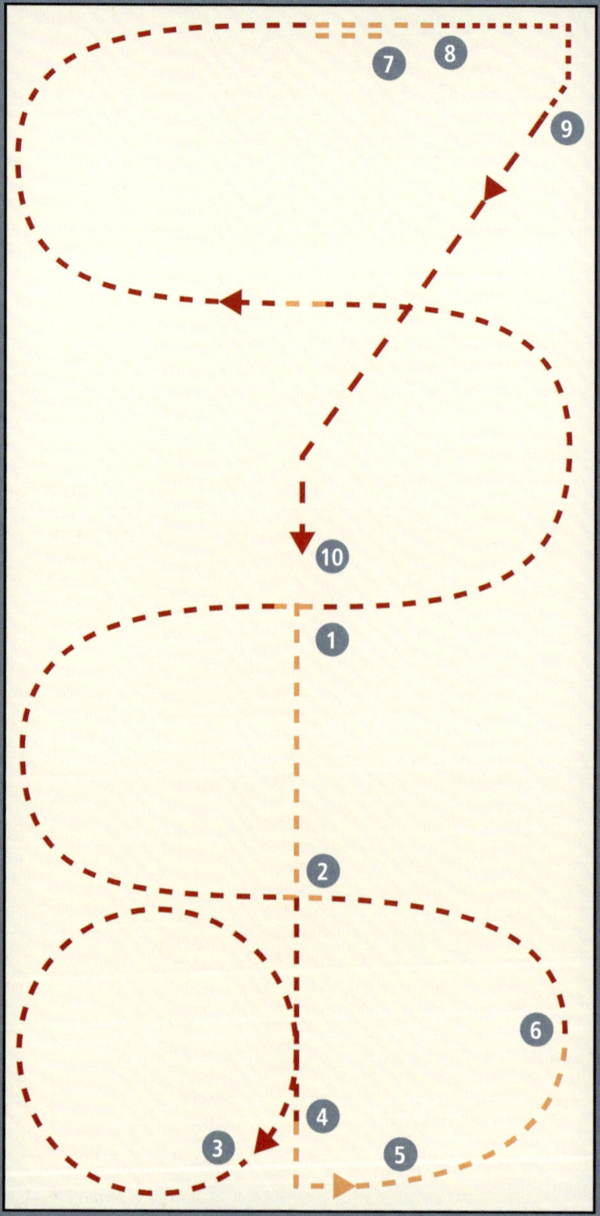

EQUIPMENT

— 4 Pylonen

ABSTÄNDE

— Volte: Durchmesser 10 m

DREIECKSVORFÜHRUNG

Das sogenannte „Mustern auf der Dreiecksbahn“ wird zur Beurteilung von Pferden eingesetzt. In der WBO gibt es einen eigenen Wettbewerb „Mustern eines Reitpferdes“. Ansonsten wird das „Mustern“ bei Pferdezuchtveranstaltungen durchgeführt. Das Pferd wird auf Trense vorgestellt. Der Vorführer nimmt die Zügel ca. 30 cm von den Trensenringen entfernt, ein- bis zweimal gefaltet, in die rechte Hand. Dabei teilen Zeige- und Mittelfinger die Zügel. Die Schnalle am Zügelende sollte offen sein. Die rechte Hand wird während der Vorführung bei leicht durchhängendem Zügel etwas unterhalb des Pferdekopfes ruhig getragen. Der linke Arm wird leicht angewinkelt getragen, sollte aber im Laufen nicht mitschwingen, um das Pferd nicht zu irritieren.

AUF DER DREIECKSBAHN

Der Führende geht neben dem Pferd bis zum Aufstellungspunkt, ca. 3 - 4 m vom Betrachter der Dreiecksvorführung (Richter) entfernt, hält dort an und tritt dann mit dem rechten Bein in einem großen Schritt nach vorne und macht dabei auf diesem Fuß eine halbe Drehung. Dann stellt er sich mit Blickrichtung zum Pferd ca. 50 cm vor dem Pferdekopf auf, dabei werden die Zügel geteilt, in die linke Hand der rechte Zügel, in die rechte Hand der linke Zügel. Die Arme werden dabei gewinkelt und etwas unter Pferdemaulhöhe getragen, ohne den Pferdekopf zu berühren oder für den Betrachter zu verdecken. Der Führende steht dabei aufrecht und mit guter Körperspannung. Das Pferd soll zum Betrachter hin „offen“ stehen. Zunächst wird das Pferd von der linken Seite betrachtet, dabei steht das linke Vorderbein etwas vor dem rechten Vorderbein und das linke Hinterbein etwas weiter zurück als das rechte Hinterbein. Bei der Schlussaufstellung entsprechend andersherum.

Der Vorführer schaut dann zu den Richtern und nennt seinen Namen, den des Pferdes, das Pferdealter und eventuell noch die Abstammung des Pferdes.

Nach Weisung durch die Richter macht er wieder eine halbe Drehung zurück neben den Pferdehals, nimmt die Zügel geordnet in die rechte Hand und geht dann auf gerader Linie von den Richtern weg in Richtung der ersten Wendemarke.

Dort wendet er in einem kleinen Rechtsbogen, indem er mit den Zügeln den Pferdekopf

Korrekte Aufstellung von Mensch und Pferd auf der Dreiecksbahn.

in die Wendung führt und durch Anheben der linken Hand in Höhe des Pferdekopfes diesen begrenzt und so diese Wendung ausführt. Dabei kann er sein Pferd schon durch leichtes Schnalzen auf das bevorstehende Antraben aufmerksam machen. Dann stellt er sein Pferd geradeaus und trabt mit dem Pferd zusammen zügig an. Vor der zweiten Wendemarke wird das Pferd zum Schritt durchpariert, um wieder eine kleine Rechtswendung, wie vorher beschrieben, durchzuführen.
Dann führt man das Pferd auf gerader Linie auf die Richter zu, an dem Aufstellplatz vorbei und wendet in einer engen Rechtswendung an der Markierung ca. 10 m hinter dem Aufstellplatz.
Nun wird das Pferd auf dem Aufstellplatz zur Schlussaufstellung von der rechten Seite präsentiert. Die Vorführung soll korrekt, harmonisch und mit fast unsichtbarer Einwirkung durchgeführt werden.
Beim Vormustern in einer GHP (Gelassenheitsprüfung) wird das Pferd auch mit der linken Seite vor den Richtern aufgestellt. Nach der Vorstellung geht der Führende im Schritt mit dem Pferd auf gerader Linie von den Richtern weg, trabt dann nach ca. 10 m an bis zu einer Markierung, pariert durch zum Schritt, wendet nach rechts und trabt gerade auf die Richter zu wieder an. Die letzten ca. 10 m vor den Richtern geht das Pferd wieder im Schritt. In der 2. Aufstellung wird die rechte Pferdeseite präsentiert.

STATIONSPRÜFUNGEN

Stationsprüfungen bilden ein fachlich eingegrenztes Themengebiet in den verschiedenen Reit-, Fahr- und Voltigierabzeichen ab. Die Stationsprüfung „Bodenarbeit" beschäftigt sich mit dem Thema Umgang und Führen von Pferden in verschiedenen Situationen. Dazu gehört sowohl das theoretische Wissen als auch die Kenntnisse über:

- die Natur des Pferdes: Verhalten, Wahrnehmung, Lernfähigkeit
- Formen, Inhalte, Ziele und Nutzen der Bodenarbeit
- Trainingsmethoden
- Ausrüstung von Pferd und Mensch
- Hilfengebung: Führpositionen, Führtechnik, Körpersprache
- Sicherheitsaspekte

In den Abzeichenprüfungen der Klasse 10 und 9 geht es zunächst um einfache theoretische Inhalte und Praxisaufgaben. Ab dem Abzeichen 8 soll sich der Kandidat allmählich intensiver mit den theoretischen Hintergründen beschäftigen und auch die Praxisaufgaben werden anspruchsvoller. Sie bauen sinnvoll aufeinander auf. Zunächst sind es einfache Führübungen wie das Halten an bestimmten Punkten, einfache und großzügige Wendungen, Führen auf der linken und rechten Pferdeseite, Seitenwechsel (zunächst im Halten und später auch in der Bewegung) und das Rückwärtstreten. Dabei liegt auch immer ein Augenmerk darauf, die individuelle Distanz zwischen Pferd und Mensch zu erarbeiten und zu festigen.
Für das Reit-, Fahr- und Voltigierabzeichen der Klasse 5 werden die Aufgaben in der Stationsprüfung „Bodenarbeit" anspruchsvoller. Es kommen engere Wendungen hinzu, dabei geht es auch vermehrt an Aufgaben wie verschiedene Labyrinthe und Stangenhindernisse. Das Halten über einer Stange ist ebenfalls eine interessante Aufgabe, bei der es auf Vertrauen und Gehorsam des Pferdes ankommt und auf die Vorbereitung und das richtige Timing in der Hilfengebung durch den Menschen.
Außerdem wird das Thema Desensibilisierung miteingebunden. Hierbei kommt es auf ein gutes Vertrauensverhältnis zwischen Mensch und Pferd an, aber vor allem auch auf das Wissen um die Fluchtreflexe und das Lernverhalten des Pferdes.
Dieses Wissen wird in den Bodenarbeitsabzeichen 1 und 2 noch deutlich vertieft.

Schritt an der linken Seite des Dreiecks.

Vom Trab zum Schritt durchparieren.

Schritt an der rechten Seite des Dreiecks.

Die Stute schaut in Richtung Kamera.

Präsentation der rechten Körperseite.

PARCOURS 5: STATIONSPRÜFUNG REITABZEICHEN 8

Dies ist ein Aufgabenbeispiel für eine Stationsprüfung für das Reitabzeichen 8, ausgeführt im Schritt.

Im Schritt hereinführen, mit der rechten Hand führend auf der linken Pferdeseite gehend, auf der Mittellinie vor den Richtern halten und grüßen, je nach Standort der Richter verschieden

1 Durch die Pylonengasse führen, linke Hand, auf die Mittellinie abwenden

2 Im Slalom führen

3 – 4 Durch die halbe Bahn wechseln, dabei das Tempo steigern

4 – 5 Schritt mit deutlich verkürztem Tempo

5 Rechtsum

6 Halten und die Seite wechseln, im Schritt anführen, linke Hand

7 In der Pylonengasse halten, im Schritt anführen, vor den Richtern halten, grüßen und die Bahn verlassen

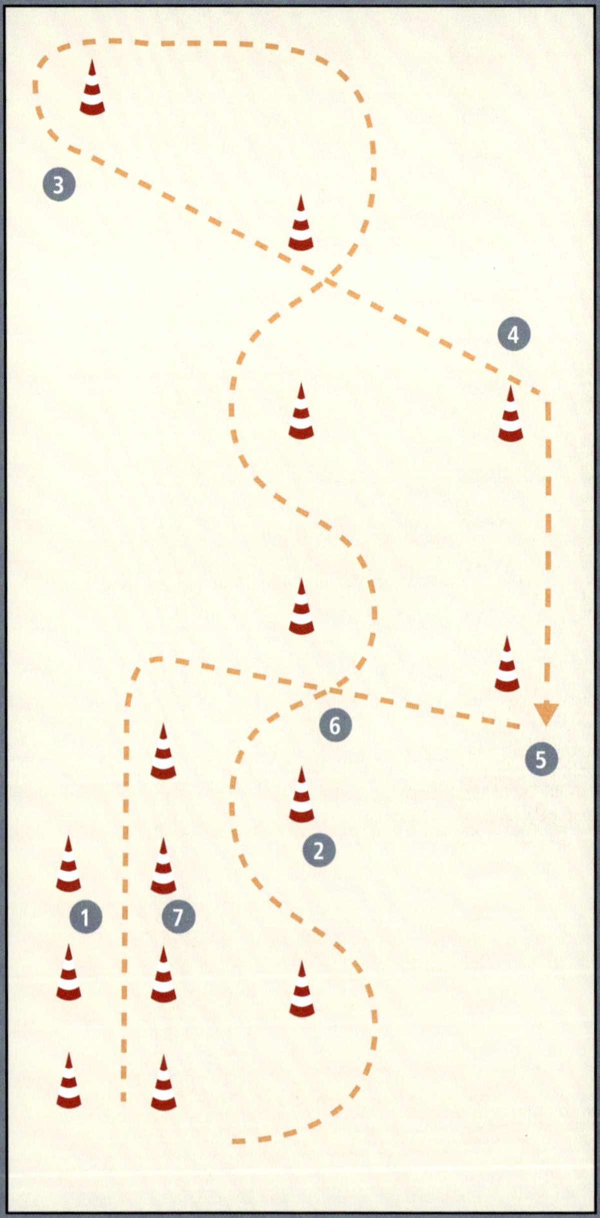

EQUIPMENT

— 14 Pylonen

ABSTÄNDE

— Slalom: 7 m
— verkürzter Schritt: ca.10 m
— Pylonengasse: 1,5 m breit

006

Abzeichen Stationsprüfung RA 8

Dieser Film zeigt den Ablauf der Stationsprüfung.

PARCOURS 6: STATIONSPRÜFUNG REITABZEICHEN 7

Das ist ein Aufgabenbeispiel für eine Stationsprüfung für das Reit-, Fahr- oder Voltigierabzeichen 7, ausgeführt im Schritt und Trab.

Im Schritt hereinführen, mit der rechten Hand führend auf der linken Pferdeseite gehend, auf der Mittellinie vor den Richtern halten und grüßen, je nach Standort der Richter verschieden

1 Im Schritt auf die Mittellinie führen, in der Pylonengasse beginnen, eine Volte nach rechts und eine nach links, auf der Mittellinie weiter, linke Hand an der kurzen Seite

2 Antraben und Trab bis Ende der langen Seite, durchparieren zum Schritt

3 Aus der Ecke kehrt

4 Führseite wechseln, verlangsamter Schritt bis

5 Führseite wechseln

6 In die Kegelgasse führen, am Ende halten und vier Tritte rückwärtstreten lassen, im Schritt anführen, vor den Richtern grüßen und die Bahn verlassen

EQUIPMENT

— 13 Pylonen

ABSTÄNDE

— Voltengröße: ca. 8 – 10 m
— verkürzter Schritt: ca. 10 m

007

Abzeichen Stationsprüfung RA 7

Dieser Film zeigt den Ablauf der Stationsprüfung.

☞ PARCOURS 7: STATIONSPRÜFUNG REITABZEICHEN 5

Dies ist ein Aufgabenbeispiel für eine Stationsprüfung für das Reitabzeichen 5, ausgeführt im Schritt.

1 Im Schritt hereinführen, mit der rechten Hand führend auf der linken Pferdeseite gehend, auf der Mittellinie vor den Richtern halten und grüßen, je nach Standort der Richter verschieden,

2 Schritt auf der linken Hand, an der langen Seite Slalom führen

3 Über der Stange halten, im Schritt anführen

4 Durch das Stangen-U

5 Durch die ganze Bahn wechseln, über die Schrittstangen führen

6 Über die Plane gehen

7 Vor den Richtern halten, grüßen und die Bahn verlassen

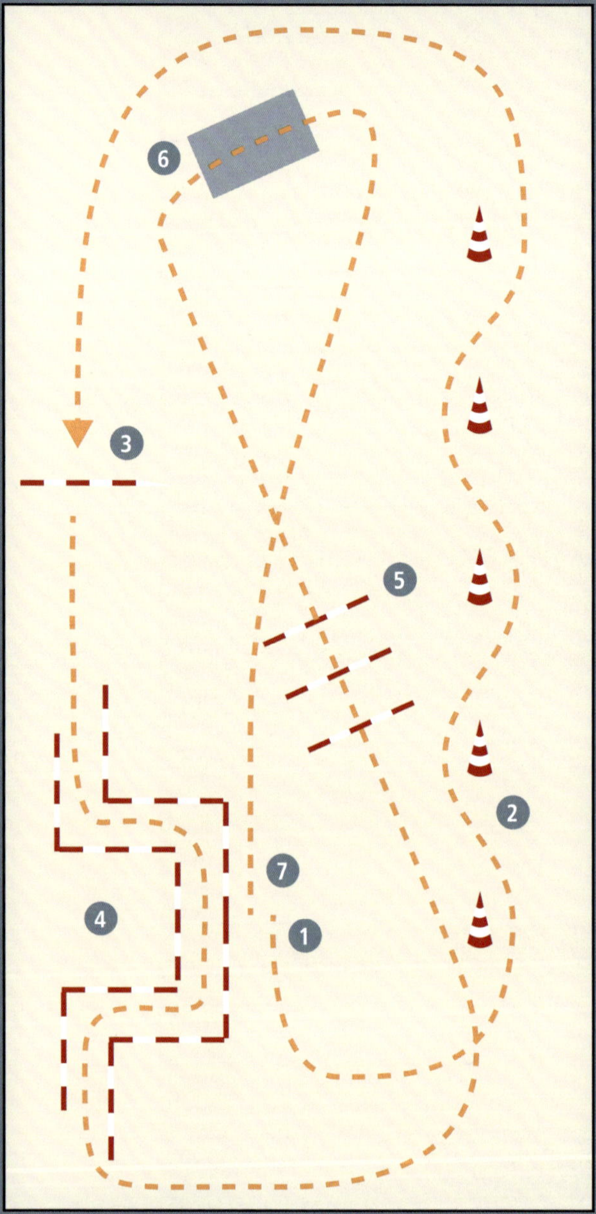

EQUIPMENT

- 5 Pylonen
- 3 Bodenstangen
- 1 Bodenstange fürs Halten
- 11 Bodenstangen für Stangen-U
- 30 Stangen-Halterungen

ABSTÄNDE

- Slalom: 7 m
- Stangen-U: 1,20 – 1,50 m
- Schrittstangen: ca. 0,80 m

008

Abzeichen Stationsprüfung RA 5

Dieser Film zeigt den Ablauf der Stationsprüfung.

☞ PARCOURS 8: STATIONSPRÜFUNG REITABZEICHEN 5

Dies ist ein Aufgabenbeispiel für eine Stationsprüfung für das Reitabzeichen 5, ausgeführt im Schritt.

1 Im Schritt hereinführen, mit der rechten Hand führend auf der linken Pferdeseite gehend, auf der Mittellinie vor den Richtern halten und grüßen, je nach Standort der Richter verschieden,

2 Schritt auf der rechten Hand, an der langen Seite Slalom führen

3 Über der Stange halten, im Schritt anführen

4 Durch das Labyrinth, durch die ganze Bahn wechseln

5 Über die Schrittstangen führen

6 Über die Plane gehen

7 Vor den Richtern halten, grüßen und die Bahn verlassen

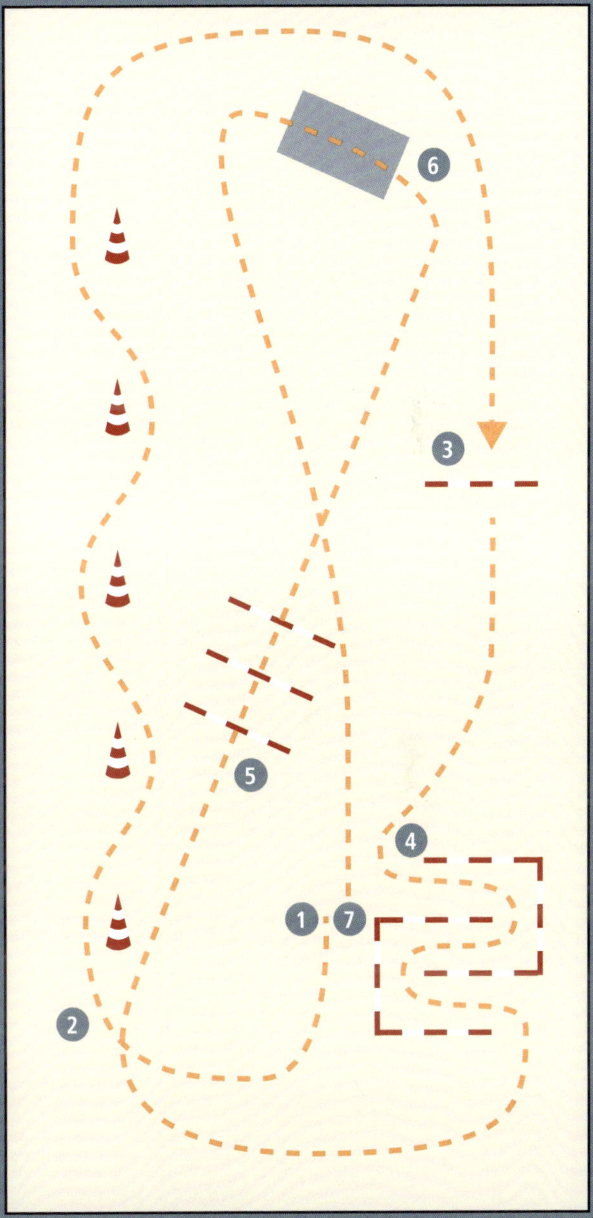

EQUIPMENT
- 5 Pylonen
- 3 Bodenstangen für Schritt
- 1 Bodenstange fürs Halten
- 6 Bodenstangen fürs Labyrinth
- 20 Stangen-Halterungen

ABSTÄNDE
- Slalom: 7 m
- Stangen-U: 1,20 – 1,50 m
- Schrittstangen: ca. 0,80 m

PARCOURS 9: STATIONSPRÜFUNG FÜR DEN PFERDEFÜHRERSCHEIN UMGANG

Dies ist ein Aufgabenbeispiel für eine Stationsprüfung für den Pferdeführerschein Umgang, ausgeführt im Schritt.

1 Aufstellung linke Seite des Pferdes präsentieren

1 bis 2 Dreiecksbahn Schritt

2 bis 3 Trab bis 3, durchparieren zum Schritt

4 Aufstellung rechte Seite des Pferdes präsentieren, im Schritt zur kurzen Seite

5 Slalom im Schritt, in der Ecke bei 6 die Führseite wechseln

6 bis 7 Trab, bei 7 durchparieren zum Schritt

7 bis 8 Verlangsamter Schritt, bei 8 die Führseite wechseln

9 Über die Plane gehen

10 Über der Stange halten

11 Durch das Labyrinth führen

12 Vor den Richtern halten, grüßen und die Bahn verlassen

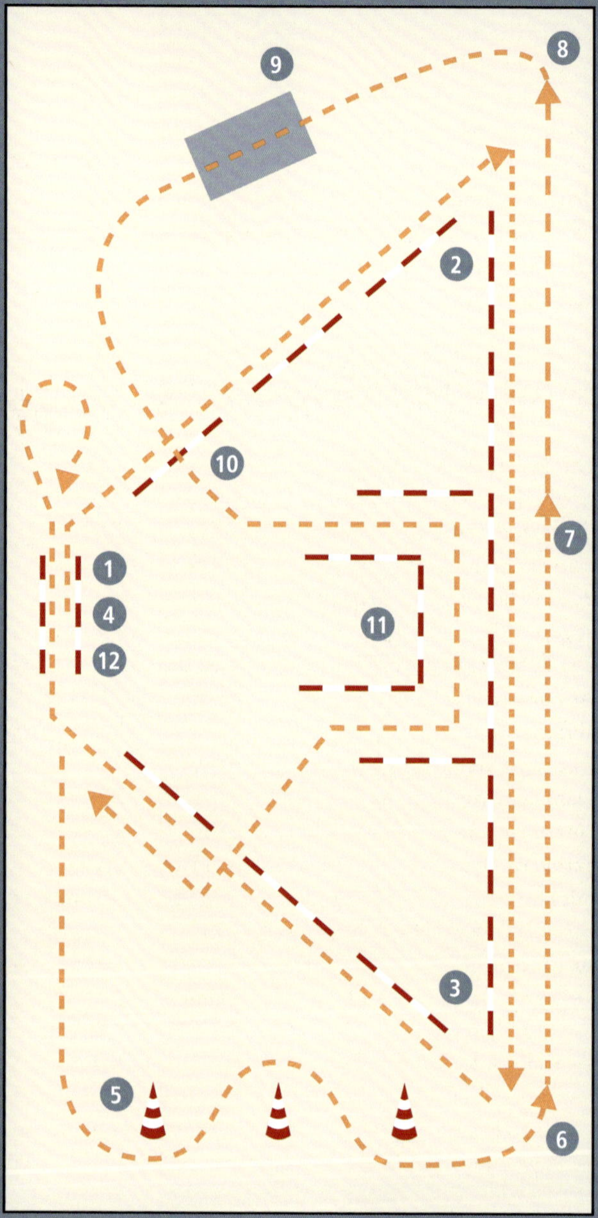

EQUIPMENT

- 3 Pylonen
- 1 Plane
- 10 Bodenstangen
- 2 Bodenstangen fürs Halten
- 7 Bodenstangen fürs Labyrinth
- 38 Stangen-Halterungen

009

Abzeichen Stationsprüfung Pferdeführerschein

Dieser Film zeigt den Ablauf der Stationsprüfung.

ABSTÄNDE

- Labyrinth: 1,20 – 1,50 m
- Stangen: ca. 0,80 m

TRAINING MIT STANGEN

Das Training mit Stangen fördert die Geschicklichkeit und die Geschmeidigkeit des Pferdes und zudem durch die abwechslungsreiche Arbeit auch die Aufmerksamkeit in der Mitarbeit und die Ausgeglichenheit. Die Präzision der Führarbeit muss dabei schon fortgeschritten sein, um die vielfältigen Aufgaben sicher absolvieren zu können. Auch hier werden die Harmonie und die Interaktion zwischen Führendem und dem Pferd bewertet. Die Hilfengebung muss angemessen und unauffällig eingesetzt werden.

Ein Holzunterleger für die Stangen ca. 8-10 cm hoch.

Die Kerbe gibt der Stange halt.

STANGEN AM BODEN

Durch die Arbeit mit Stangen am Boden sollen die Trittsicherheit und das Balancegefühl des Pferdes verbessert werden. Es dient außerdem der Beweglichkeit im Abfußen des Pferdes. Die Stangen müssen durch Unterlegklötze gegen Wegrollen gesichert sein.
Der Führende muss in der Aufwärmphase die Aufmerksamkeit und Kontrolle des Pferdes abfragen: Tempovariationen – Halten – Rückwärtstreten – Einzelschrittkontrolle. Dann wird die Reaktion des Pferdes an einer einzelnen Stange getestet. Erst wenn die Reaktion ruhig und gelassen ausfällt, kann man mit mehreren Stangen weiterarbeiten und dabei auch verschiedene Hindernisvarianten aufbauen.

— Stangengasse (Anfangs ca. 1,50 m, dann ca. 1,00 m breit)
— Stangen-L
— Stangenlabyrinth
— Einfaches Stangen-U
— Doppeltes Stangen-U

STANGEN-L

Das Stangenlabyrinth wird zunächst als Stangen-L erarbeitet. Es kommt auf die Präzision der Einwirkung und die Geschicklichkeit des Pferdes und des Führenden an.
Abstand zwischen den Stangen zunächst weiter, ca. 1,50 m, dann wird er auf ca. 1,20 m verkleinert, je nach Erfahrung des Pferdes. Bleibt der Führende mit innerhalb der Stangen, sollte der Abstand bei 1,20 m liegen, geht der Führende außerhalb der Stangen, kann der Abstand bei Pferden auf 1 m, bei Ponys auf 0,80 m verringert werden.
Das Pferd sollte sich in Wendung von Voltengröße (8 bis 10 m) geschmeidig und Hufschlag deckend führen lassen und eine gute Balance haben, bevor die engeren Wendungen im Stangen-L oder Stangenlabyrinth erarbeitet werden.
Man führt das Pferd im Schritt in die Gasse hinein. Vor der Rechtswendung verzögert man das Tempo deutlich und führt in einzelnen Schritten weiter.
Zur Ausführung der Rechtswendung gibt man jeweils in dem Moment den Seitwärtsimpuls, in dem das rechte Vorderbein vom

Führen durch die Stangengasse.

Führen im Stangen-L- mit Stellung.

Rechtsstellung im Doppel-U.

Linkswendung mit gutem Zwischenraum.

Boden abgefußt hat. Hier kommt es auf die präzise, feine Einwirkung und das richtige Timing an. Dabei dreht man sich in der eigenen Körperachse auch in die Wendung, sodass die äußere Schulter und Hüfte vorgehen. Das Pferd soll auf die Körpersprache und Einwirkung reagieren.

Sollte das Pferd auf den seitlichen Impuls des Halfters oder der Trense nicht angemessen reagieren, begrenzt man den Pferdekopf durch Hochheben der linken Hand.

Das Pferd soll diese Übung nach einigen Trainingssequenzen in guter Stellung und Biegung ausführen können, sodass die Hinterhufe genau der Spur der Vorderhufe folgen. Der Führende bleibt je nach Vorgabe und Gassenbreite neben dem Pferd in der Gasse oder außerhalb, es wird nicht gewechselt.

Wird das Stangen-L als Linkswendung erarbeitet, geht man im Schritt in die Gasse hinein, verzögert das Tempo nur leicht, da das Pferd den größeren Bogen laufen muss. Der Führende achtet darauf, dass er mit seinem rechten Arm das Pferd über die Impulse dazu auffordert, den größeren Bogen zu gehen und nicht in die Spur des Führenden zu treten.

Der Führende geht dabei mit seinem rechten Arm etwas nach vorne und dreht sich in seiner Körperachse nach links, sodass die rechte Schulter und Hüfte etwas vorgehen und über die Körpersprache das Pferd etwas nach links biegt und dabei nach außen schickt.

STANGENLABYRINTH

Im weiteren Verlauf der Ausbildung können dann mehrere L-Formationen verbunden werden, sodass sich Rechts- und Linkswendungen abwechseln und Labyrinthe entstehen. Bewertet wird die Interaktion zwischen Mensch und Pferd, die unauffällige, geschickte und zeitlich angemessene Einwirkung in den Wendungen. Ein Wechsel der Führposition oder Verlassen der Gasse führt zu Abzügen in der Bewertung.

HINDERNISSE ZUM ÜBERQUEREN

— Über einer Stange halten
— Mehrere Stangen im Schritt (ca. 80 cm) oder Trab (ca. 120 cm Abstand) überqueren, dabei die Anzahl langsam steigern
— Unregelmäßige Stangenreihe
— Stangenkreuz
— Stangenfächer

Der Mensch führt das Pferd zunächst ganz ruhig an die Stangen heran und achtet darauf, dass das Pferd sicher und ohne anzustoßen durch die Hindernisse geht. Auch hierbei wird wechselnd von beiden Seiten geführt. Das Pferd soll sich idealerweise in seiner Längsachse gleichmäßig der geführten Linie anpassen. Der Mensch muss darauf achten, dass er mit der führenden Hand das Pferd neben sich behält. Er bleibt dabei innerhalb der Stangen. Eine weitere Schwierigkeit wäre dann das Führen von außerhalb der Stangen oder das Rückwärtstreten in diesen Hindernissen.

Hierbei muss darauf geachtet werden, dass das Pferd gelassen, aber aufmerksam über die Stangen geht. Es darf nicht ins Springen kommen, das wäre ein deutliches Zeichen von Anspannung und würde für den Menschen gefährlich sein können.

Mensch und Pferd zeigen ein gutes, konzentriertes Abfußen über die unterschiedlichen Stangenhöhen.

Für die Arbeit mit den Stangen gilt: nicht zu häufig wiederholen, ca. drei- bis fünfmal. Besser ist es, bereits nach einer gut gelungenen Übung aufzuhören und zu loben.

HALTEN ÜBER DER STANGE

Das Halten über der Stange muss in kleinen Schritten vorbereitet werden.

— Die Stange sollte gegen Wegrollen gesichert sein.
— Pferde müssen sicher halten und sich in einzelnen, auch halben Schritten anführen lassen.
— Pferde dürfen keine Scheu vor dem ruhigen Überschreiten von Stangen haben.

Das Pferd wird zunächst im ruhigen Schritt über die Stange geführt. Dann wird es vor und hinter der Stange angehalten. Im nächsten Übungsschritt wird es unmittelbar vor der Stange angehalten und daraus in langsamen Schritten über die Stange geführt. Erst wenn das Pferd auch hierbei gelassen bleibt, beginnt man mit dem Halten über der Stange.

Durchatmen und bis Fünf zählen: Ein sehr gut gelungenes, geschlossenes Halten über der Stange.

Perfekt gerade geführt, mit viel Übersicht.

Im Gleichschritt die Beine heben.

Man hält unmittelbar vor der Stange, gibt dann die Aufforderung über Stimme, Halftersignal und Körpersprache zum Antreten in einem halben Schritt und fängt diesen dann zum Halten wieder ab. Steht das Pferd mit den Vorderbeinen vor und mit den Hinterbeinen hinter der Stange, wird es intensiv gelobt und danach in einem ganz ruhigen Schritt wieder nach vorne angeführt.
In der Stationsprüfung sollte das Pferd im Schritt in Richtung Stange geführt werden, eine Pferdelänge vor der Stange wird das Tempo reduziert und dann über der Stange angehalten. Bewertet wird die Interaktion zwischen Mensch und Pferd, die unauffällige, geschickte und zeitlich angemessene Einwirkung.

UNREGELMÄSSIGE STANGENREIHE

Die Pferde müssen zunächst sicher und gelassen über eine einzelne Stange treten, bevor man nach und nach mehrere Stangen hintereinanderlegt.
Der Führende geht mit einer halben Armlänge Abstand zum Pferd. Das Pferd wird im gelassenen fleißigen Schritt an die Stange herangeführt. Es soll sicher über die Stangen treten und dabei genau auf seiner geraden Linie bleiben.
Die Übung erfordert von Mensch und Pferd gute Konzentration, da die Stangen in wechselnder Höhe liegen und die Schritte entsprechend angepasst sein müssen.
Vier bis sechs Stangen werden auf einer Seite in ca. 15 – 25 cm Höhe auf Hindernisständer oder als Cavallettis aufgebaut, dabei wechselt eine hochgelegte mit einer am Boden liegende Seite der Stange ab.
Im Schritt sollte der Abstand für Pferde 80 – 90 cm betragen, Ponys je nach Größe 60 – 80 cm. Bei fortgeschrittenen Pferde/Reiterpaaren kann für den Trab die Weite auf ca. 1,20 m gelegt werden (Ponys ca. 1,00 m).

VIELSEITIGES STANGENKREUZ

Einen noch höheren Schwierigkeitsgrad bildet das Stangenkreuz. Vier Stangen (min. 3,50 bis 4,00 m Länge) werden im Quadrat so gelegt, dass jeweils eine Stange auf der einen Seite oben und auf der anderen Seite unter der Nachbarstange liegt.

010

Stangentraining

Der Film zeigt vielseitige Übungen mit Stangen.

Dadurch sind die Stangen recht fest miteinander verbunden und können nicht so leicht wegrollen (Broschüre FN, Allroundprüfungen). An den Eckpunkten des Quadrates sollen die Stangenenden ca. 50 cm überlappen, sodass dort ein Kreuz entsteht.

In dieser Übung kommt es sowohl auf die Geschicklichkeit des Pferdes an, wie auf die Genauigkeit des Führenden. Er muss das Pferd auf einer klaren Linie genau über die Spitze des Kreuzes in das Quadrat hineinführen und dann über die Diagonale auf der anderen Seite über die Spitze wieder hinaus. Eine weitere Schwierigkeit für Mensch und Pferd bildet die unterschiedliche Höhe der Stangen, die genau eingeschätzt werden muss.

Diese Übung wird in kleinen, aufeinander aufbauenden Schritten erarbeitet, damit die Aufgabe gut zu lösen ist.

— Über die langen Seiten des Quadrates in das Hindernis hineingehen und gerade hinüber zur anderen langen Seite und dort wieder hinausgehen.
— Eine Stangenecke auseinanderlegen mit Abstand zwischen den Stangenenden, sodass man dazwischen in das Viereck hineingehen kann und an der langen Seite wieder hinaus.
— Zwischen den Stangenenden hineingehen und geradeaus über die Spitze des Stangenkreuzes wieder hinaus.
— An der langen Seite in das Quadrat hineingehen, im Quadrat eine Wendung und über die Spitze des Kreuzes hinaustreten.
— Über die Spitze in das Quadrat hineingehen und über die Diagonale und die Spitze der gegenüberliegenden Seite hinaus.

Bewertet wird die Interaktion zwischen Mensch und Pferd, die unauffällige, geschickte und genaue Führung sowie die Gelassenheit und Trittsicherheit des Pferdes. Bei auftretenden Schwierigkeiten soll der Führende die Situation richtig einschätzen, Probleme lösen bzw. Lösungswege aufzeigen können. Dazu gehört auch ein Zurückschrauben der Anforderung. Eventuell werden mehrere Zwischenschritte eingebaut oder durch Wiederholen von vorangegangenen Übungen die Sicherheit wiederhergestellt.

Genaues Taxieren über die Stangenspitze.

Im Stangenkreuz mit voller Konzentration.

Die Linkswendung ist noch etwas zögernd.

Die Rechtswendung im Fächer ist kein Problem ...

... und auch im Trab sehr geschmeidig ausgeführt.

STANGENFÄCHER

Im Stangenfächer werden die Stangen auf der einen Seite am Ständer in die Auflagen eingelegt, auf der anderen Seite in gleichmäßigem Abstand – der Gangart und der Pferdegröße angepasst – auf den Boden gelegt. Die Stangen haben dadurch eine unterschiedliche Höhe, und Pferd und Mensch müssen sich beim Überqueren gut konzentrieren.

RÜCKWÄRTSTRETEN IN HINDERNISSEN

Ein weiterer Schritt in der Ausbildung des Pferdes ist auch das Rückwärtstreten in oder zwischen Hindernisse/Umweltgegenstände. Zunächst fällt es unsicheren Pferden leichter, im freien Raum rückwärtszutreten, als eingeengt zwischen Gegenständen. Dabei möchten sie auch gerne seitwärtstreten bzw. ausweichen, um den toten Blickwinkel direkt hinter sich zu verringern. Deshalb wird zuerst mit feiner Hilfengebung ein gerades, geschmeidiges Rückwärtstreten erarbeitet. Erst mit größerem Vertrauen gehen Pferde willig zwischen Gegenständen oder auf unebenem Boden rückwärts.
Zunächst geht man durch eine Stangengasse hindurch und erarbeitet das ruhige Halten an verschiedenen Punkten außerhalb und innerhalb der Gasse.
Dann kommen jeweils einzelne Tritte rückwärts aus der Stangengasse heraus und später innerhalb der Stangengasse dazu. Erst danach sollte man mit dem Einparken in die Gasse hinein beginnen.
Das Pferd muss gelernt haben, leicht und willig einzelne Schritte rückwärtszutreten und auch auf Impuls die Bewegung zu unterbrechen, damit es nicht in seinem toten Blickfeld ungebremst gegen Stangen oder Gegenstände poltert und dabei sein Vertrauen zur Führung des Menschen verliert. Nach dieser Strategie können auch andere Hindernisse erarbeitet werden.

RÜCKWÄRTSTRETEN IN WENDUNGEN

Als nächsthöhere Schwierigkeit kommt dann das Rückwärtstreten in Wendungen wie Slalom, dem Stangen-L oder dem Labyrinth in verschiedenen Variationen, aber auch das Rückwärtseinparken zwischen Umweltreizen (Schreckhindernissen) wie Plane, Regenschirmen, Flatterband o. Ä. Voraussetzung dafür ist die leichte Kontrolle des Pferdes bei jedem Schritt vorwärts, rückwärts und seitwärts. In den Wendungen rückwärts wechselt man jeweils die Führseite, um dem Pferd die entsprechenden Seitwärtsimpulse geben zu können. Dieses Seitwärtstreten muss fein dosiert werden können, damit ein Rempeln gegen Hindernisse vermieden wird.

… seitwärts um die Ecke treten lassen.

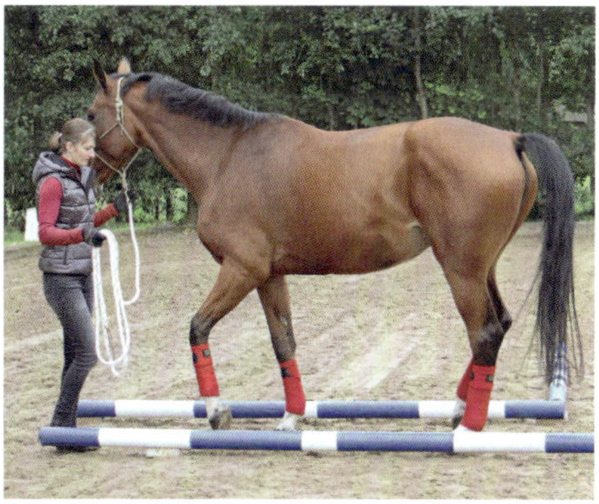

Zuerst gerade rückwärts bis an die Ecke, …

Dann mittig zwischen die Stangen …

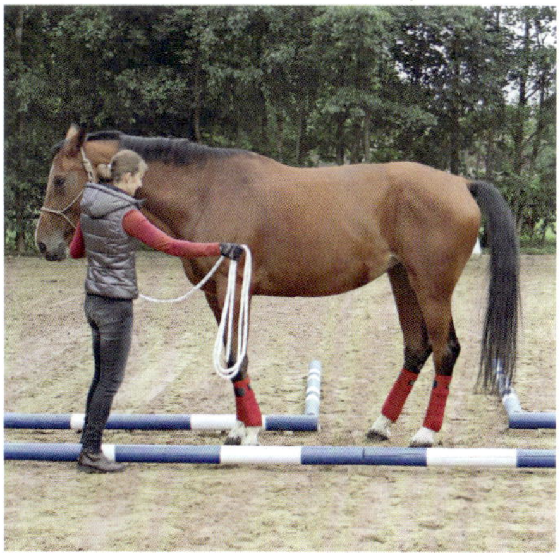

… dann die Hinterhand Schritt für Schritt …

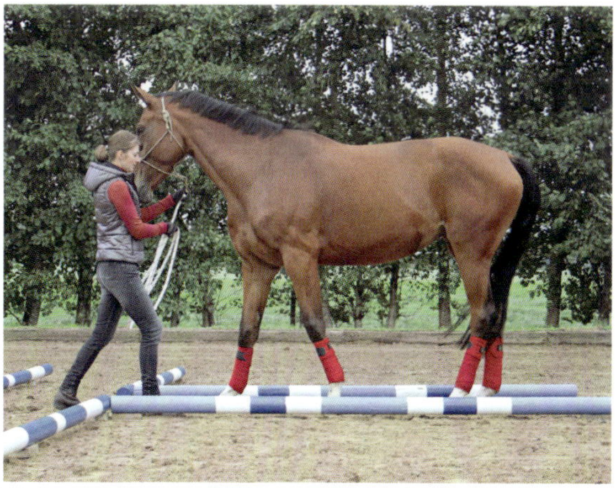

… und geradegerichtet am Ende einparken.

ENGPÄSSE

Ein Pferd durch Engpässe wie Pylonen-, Stangen- oder Tonnengasse zu führen oder zu schicken, erfordert schon eine gute Einwirkungs- und Kontrollmöglichkeit auf und über das Pferd. Die gedachte Linie muss in einem ruhigen Tempo sicher eingehalten werden.
Hier lernt vor allem der Mensch, ein richtig dosiertes Treiben und die Ruhe zu bewahren. Zu starkes und überhastetes Treiben verleitet das Pferd zum Ausweichen oder Umdrehen und Flüchten.
Das „Lesen" des Pferdes, das heißt, die mentale Verfassung richtig zu deuten, spielt dabei eine entscheidende Rolle: ist es neugierig, verspielt, mutig, unsicher, ängstlich, panisch. Ohne diese richtige Einschätzung des Pferdes wird man in der anspruchsvollen weiteren Arbeit mit Desensibilisierungsgegenständen keinen nachhaltigen Erfolg haben.

Das Tempo verzögern vor dem Engpass, dann vor dem Pferd hindurchgehen.

Erst schaut Pony Bärchen noch etwas skeptisch und Maja lässt ihm etwas Zeit.

Gemeinsam gehen sie unter der Stange durch, das gibt Selbstvertrauen.

☞ PARCOURS 10: EINSTIEG FÜR JUNGE PFERDE

Das ist ein Aufgabenbeispiel für einen Parcours, der sich besonders für junge Pferde eignet.

1 Im Schritt hereinführen, am Startpunkt vor den Richtern halten und grüßen

2 Anführen im Schritt, an der kurzen Seite rechte Hand

3 Slalom

4 Halten, Führseite wechseln

5 Eine Acht führen, beim Wechselpunkt die Führseite wechseln

6 Antraben

7 Durchparieren zum Schritt, langsamer Schritt bis Mitte der kurzen Seite

8 Halten

9 6 Tritte rückwärtstreten lassen

10 Durch die ganze Bahn wechseln

11 Über eine Stange führen

12 Über drei Schrittstangen führen

13. Auf die Mittellinie abwenden, Halten, vor den Richtern halten und grüßen

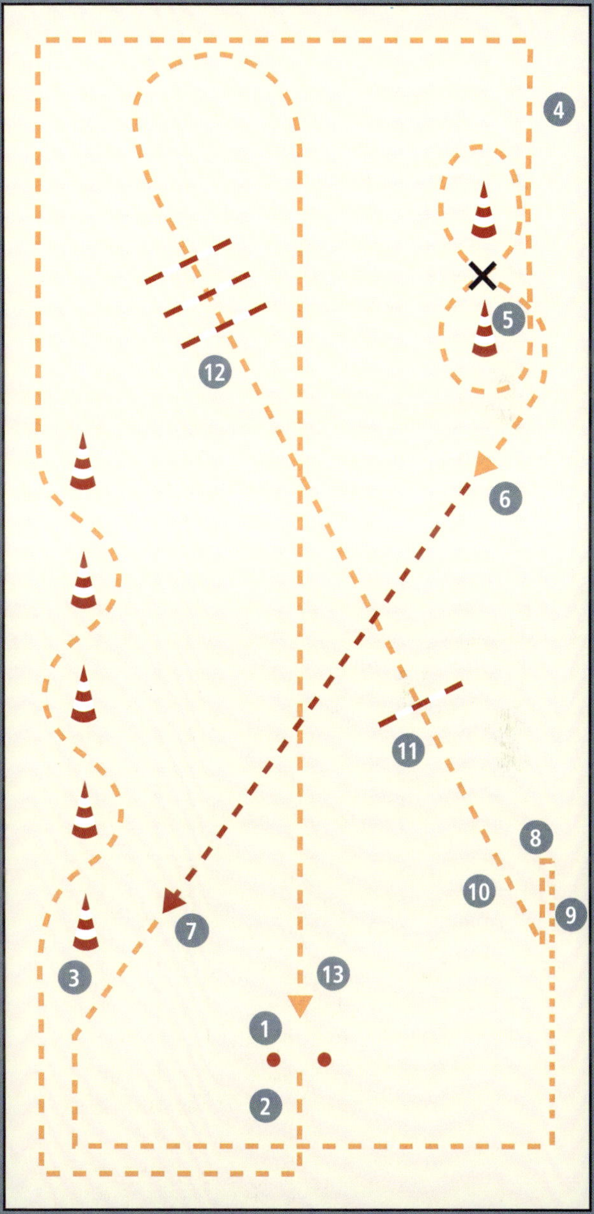

EQUIPMENT
- 7 Pylonen
- 4 Bodenstangen, 3 m Länge
- 8 Stangenunterleger zur Stabilisierung

ABSTÄNDE
- Slalom: 7 m
- Voltengröße: 8 m
- Stangenabstand: 80 – 90 cm

PARCOURS 11: FÜR JUNGE PFERDE – ETWAS ANSPRUCHSVOLLER

Dies ist ein Aufgabenbeispiel für einen fortgeschritten Parcours für junge Pferde, ausgeführt im Schritt und Trab.

1 Im Schritt hereinführen, mit der rechten Hand führend auf der linken Pferdeseite gehend, auf der Mittellinie vor den Richtern halten und grüßen, je nach Standort der Richter verschieden, Anführen im Schritt, an der kurzen Seite linke Hand

2 Halten in der Stangengasse, fünf Sekunden stillstehen, im Schritt anführen

3 Slalom führen

4 Antraben

5 Durchparieren zum Schritt

6 Halten, Führseite wechseln, Hinterhand nach links um 180° verschieben, Anführen im Schritt

7 Rechtsum

8 Halten, vier Tritte rückwärtstreten lassen, halten, die Führseite wechseln, dann die Hinterhand um 90° nach rechts verschieben, im Schritt anführen

9 Im Bogen an die Aufsteighilfe heranführen, halten, der Führende geht auf die Aufsteighilfe, Pferd fünf Sekunden stillstehen lassen

10 Auf die Mittellinie abwenden, vor den Richtern halten und grüßen

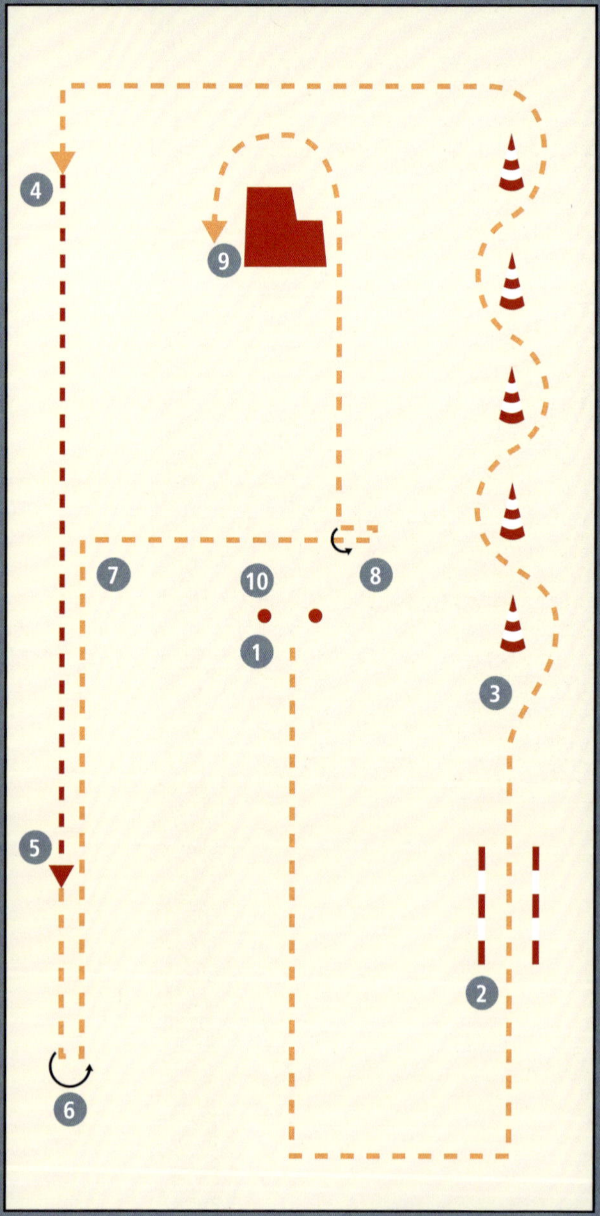

EQUIPMENT
- 7 Pylonen
- 2 Bodenstangen, 3 m Länge
- 4 Stangenunterleger zur Stabilisierung
- 1 Aufsteighilfe

ABSTÄNDE
- Pylonen: Slalom 7 m
- Pylonentor: 1,20 m
- Stangenabstand: 1,50 m

☞ PARCOURS 12: BEINGYMNASTIK

1 Im Schritt hereinführen, mit der rechten Hand führend auf der linken Pferdeseite gehend, auf der Mittellinie, Anführen im Schritt, an der kurzen Seite rechte Hand

2 Über das Cavaletti führen

3 Über der Bodenstange halten, fünf Sekunden stillstehen

4 Über drei Bodenstangen führen, danach langsamer Schritt bis zur Rechtswendung vor dem Hufschlag, dann mittlerer Schritt

5 Über den Fächer führen

6 Unterschiedlich hohe Stangenreihe

7 Antraben

8 Durchparieren zum Schritt

9 Über das Stangenkreuz längs führen

10 Dann Kehrtvolte, über die Spitzen des Stangenkreuzes führen

11 Zum Startpunkt führen, vor den Richtern halten und grüßen

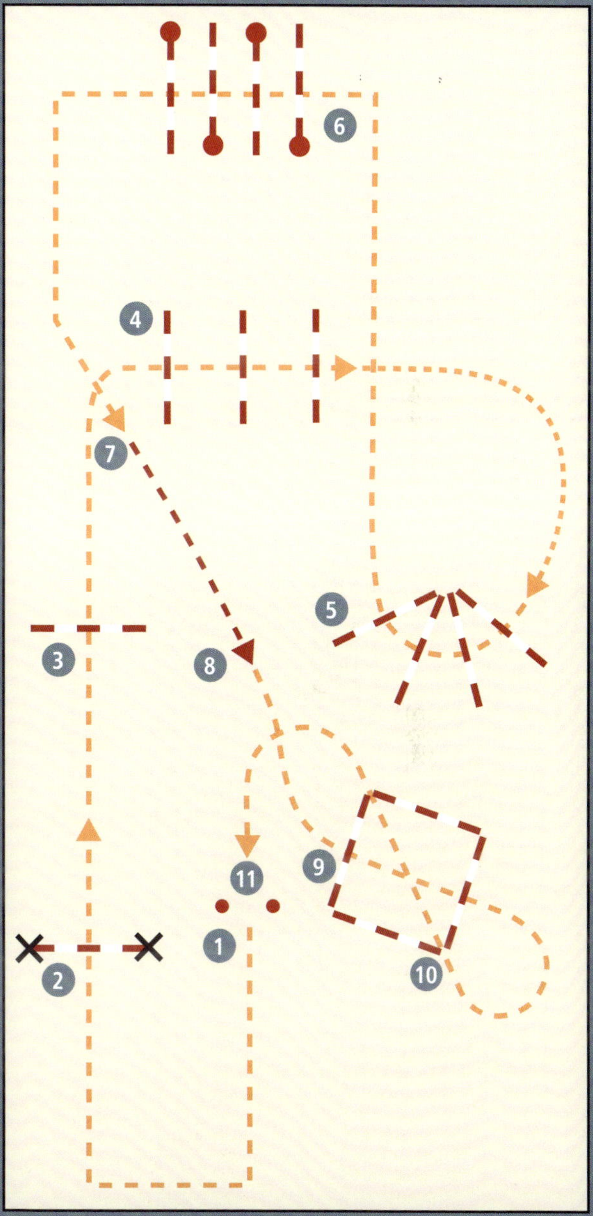

EQUIPMENT

- 1 Cavaletti, 4 Cavalettiblöcke
- 12 Bodenstangen, 3 m Länge
- 4 Bodenstangen, 3 – 4 m Länge (Stangenkreuz)
- 24 Stangenunterleger
- 1 Hindernisständer

ABSTÄNDE

- Cavalettihöhe: ca.0,20 m
- 3 Bodenstangen-Abstand: 1,80 m
- Unterschiedlich hohe Stangenreihe: 0,80 m
- Fächer: außen ca. 0,90 m
- Stangenkreuz: Überstand an den Ecken ca. 0,50 m

☞ PARCOURS 13: BIEGUNG ENTWICKELN

Dies ist ein Aufgabenbeispiel mit dem Schwerpunkt „Biegung entwickeln“, ausgeführt im Schritt und Trab.

1 Im Schritt hereinführen, mit der rechten Hand führend auf der linken Pferdeseite gehend, auf der Mittellinie vor den Richtern halten und grüßen, je nach Standort der Richter verschieden, Anführen im Schritt, an der kurzen Seite linke Hand

2 Durch die Stangenecke führen

3 Durch die Stangenecke führen

4 Durch die ganze Bahn wechseln im Slalom hin und zurück

5 Durch die Stangenecke

6 Halten, die Führseite wechseln, im Schritt anführen

7 Durch das Labyrinth

8 Antraben

9 Volte rechts einmal herum und ein Viertel

10 Übergang Schritt und durch die Volte in „S-Form“ wechseln

11 Führseitenwechsel im Mittelpunkt der Volte

12 Antraben, Volte links im Trab

13 Übergang Schritt

14 Durch die Pylonentore

15 Vor den Richtern halten und grüßen

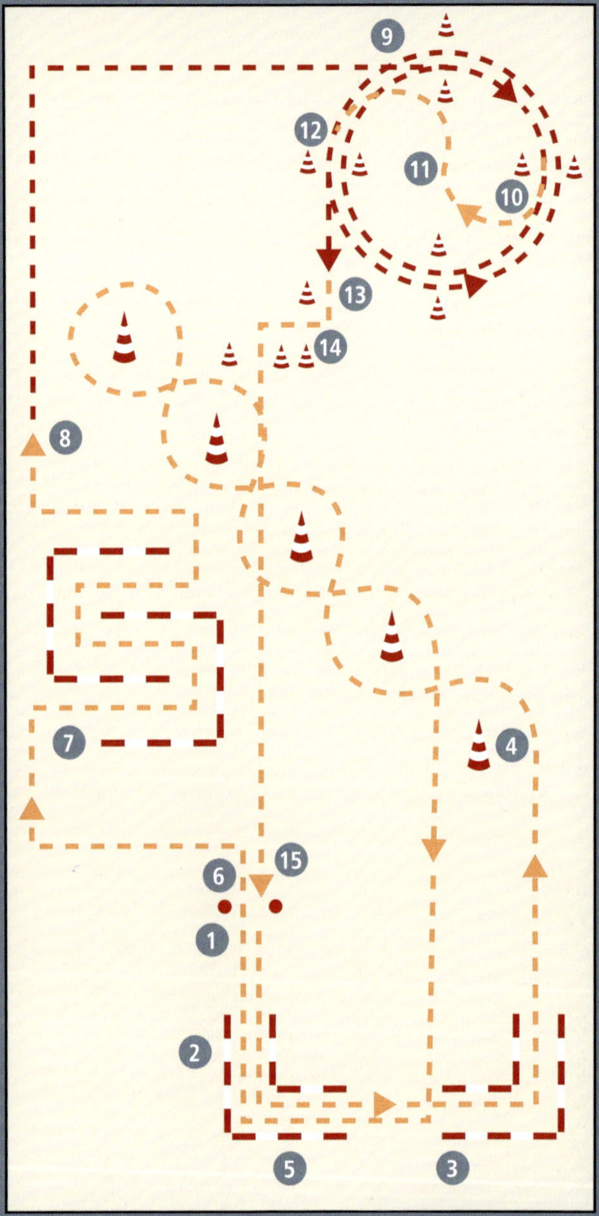

EQUIPMENT

- 17 Pylonen
- 14 Bodenstangen, 3 m Länge
- 28 Stangenunterleger zur Stabilisierung

ABSTÄNDE

- Pylonenabstand Slalom: 7 m
- Pylonentor: 1,20 – 1,50m
- Stangenecke: 1,20 m
- Labyrinth: 1,20 – 1,50 m

SYSTEMATISCHE DESENSIBILISIERUNG

Da Pferde von ihrer Natur her Fluchttiere sind, muss dieser Verhaltensweise und der Ausbildung zur Vermeidung von Gefahrenmomenten besondere Beachtung geschenkt werden. Es geht sowohl um das richtige Verhalten des Menschen wie auch die systematische Desensibilisierung des Pferdes (siehe Seite 75 bis 79). Es werden verschiedene Alltagssituationen nachgestellt und richtiges Verhalten erarbeitet. Die Pferde sollen so trainiert werden, dass sie sich auf den Menschen verlassen können und nicht vor jedem unbekannten Gegenstand flüchten müssen. Dabei wird die angeborene Neugier des Pferdes in den Lernprozess miteinbezogen. Das Pferd soll sich dem „Schreckhindernis" selbstständig, kontrolliert nähern, es in Augenschein nehmen und als „gefahrlos" abspeichern. Gelassene Pferde haben gelernt, dem Menschen zu vertrauen und damit zu mehr innerer Ruhe zu kommen. Auf keinen Fall darf dieses Training durch intensive, grobe oder beherrschende Hilfengebung begleitet werden. Zunächst wird dieses Training in der Reithalle oder auf einem gut umzäunten Platz durchgeführt, falls sich doch ein Pferd stark erschreckt und losreißt, damit es sich oder andere nicht verletzen kann.

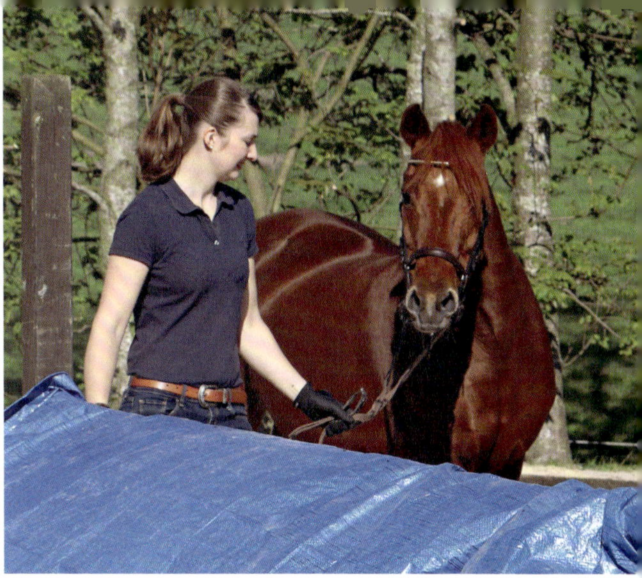

Eine Plane im Wind wirkt für viele Pferde sehr unheimlich.

Pferd und Mensch müssen im Führtraining gute Grundlagen geschaffen haben und sicher sein in den Führübungen wie Tempokontrolle, Anhalten, Führen auf gebogenen Linien, Seitenwechsel und dieses als Vorbereitung auf das Desensibilisierungstraining nochmal „durchspielen". Das Pferd soll aufmerksam am leicht durchhängenden Zügel neben dem Führenden gehen.

Der Mensch geht immer zwischen dem „Schreckhindernis" und dem Pferd, damit der Mensch beim eventuellen Wegspringen des

So viel Gelassenheit – trotz der wehenden Plane – das gibt ein gutes Gefühl.

Pferdes nicht verletzt werden kann. Das Pferd wird immer dem Gegenstand ausweichen wollen. Also wird die Laufrichtung entsprechend so gewählt oder die Seite gewechselt, dass man nicht in der Fluchtrichtung des Pferdes steht.

GELASSENHEITS-PRÜFUNG

Mit den Hindernissen aus der Gelassenheitsprüfung wird die Akzeptanz der Pferde auf Umweltreize überprüft. Dabei werden die Pferde geführt. Einzelne Hindernisse wie z. B. die Plane oder die Brücke können aber auch auf Distanz erarbeitet werden.
Der Führende muss dafür über genügend Erfahrung im Handling des Pferdes auf Distanz verfügen. Denn gerade beim Überwinden der Plane oder der Brücke kann es in der Anfangsphase zu spontanen sprunghaften Reaktionen, zum Ausbrechen oder Umdrehen des Pferdes kommen. Dabei muss der Führende ruhig und besonnen bleiben und angemessen reagieren. Eine große Bedeutung hat die Beachtung der „4F's" (Flight, Fight, Freeze, Flirt – siehe rechte Spalte).
Pferde sollen lernen, sich mutig mit Umwelteinflüssen auseinanderzusetzen. Dazu brauchen sie einen gewissen Zeitrahmen, indem sie, um den Gegenstand genau einschätzen zu können, abwarten, ob der Gegenstand ein Eigenleben entwickelt (verstecktes Raubtier in der Natur).
In dieser Phase sind sie unter deutlicher Anspannung und jederzeit zur Flucht bereit. Nimmt der Mensch sich in dieser Phase nicht genügend Zeit, sondern möchte das Erkunden mit treibenden Einwirkungen abkürzen, dann kann es dazu kommen, dass das Pferd sich deutlich widersetzt. Wenn es diesen aktiven Widerstand aufgibt, aber dann dennoch oft nicht bereit ist, weiter nach vorne zu gehen, wird es gerne als „stur" bezeichnet.
Es spiegelt sich aber nur ein ganz normales Pferdeverhalten wider. Erst nach einem kurzen Zeitraum beginnt das Pferd, sich erneut für diesen „gefährlichen" Gegenstand zu interessieren. Zur richtigen Einschätzung dieses Pferdeverhaltens braucht man eine gute Anleitung und einige Erfahrung.

FLUCHTREAKTIONEN

In vermeintlichen Gefahrensituationen wird der Körper des Pferdes durch einen Adrenalinausstoß zur sofortigen Flucht vorbereitet und entscheidet sich meist spontan und unvermittelt zur Flucht. Erst nach dem Zurücklegen einer gewissen Distanz hält es an und überprüft die Gefahrensituation. Die Anzeichen beim Pferd zur Flucht sind mit einer gewissen Routine vorher erkennbar. Das Pferd hebt den Kopf, die Ohren werden in eine Richtung gespitzt, die Muskulatur wird gespannt, der Rücken fest. Pferde haben in Gefahrensituationen ein bestimmtes, recht gut kalkulierbares Reaktionsmuster.
Flight/Flucht: Wegrennen, zur Seite springen, plötzlich stoppen und ausweichen, überhastet rückwärtsausweichen
Fight/Kampf: Sollte keine Flucht möglich sein (Box, Angebundensein): Schlagen mit den Vorder- oder Hinterbeinen, Beißen, Steigen
Freeze/Erstarrung: Im Augenblick der Wahrnehmung von Gefahren = hoher Hals, starre Kopfhaltung sehr hohe unvermittelte Fluchtbereitschaft. Als Reaktion und nach einem Kampf = apathisches, starres Stehen, reagiert nicht auf Ansprache oder Einwirkung, hat sich aufgegeben.
Flirt/Probieren: Erste kleine Reaktion, sich aus der Starre zu lösen und Wege aus der ausweglosen Lage zu erkunden. Hinschauen, blinzeln, in kleinen Schritten vorwärtsgehen, leise schnorchelndes Atmen, den Kopf langsam in die Richtung strecken, mit der Nase beruhren und untersuchen, mit einem Huf den Untergrund oder den Gegenstand abtasten, oft durch Scharren untersuchen.

Geräusche mit einer Tonne.

Besenpolo mit einem großen Ball.

Ball rollen zwischen Pylonen.

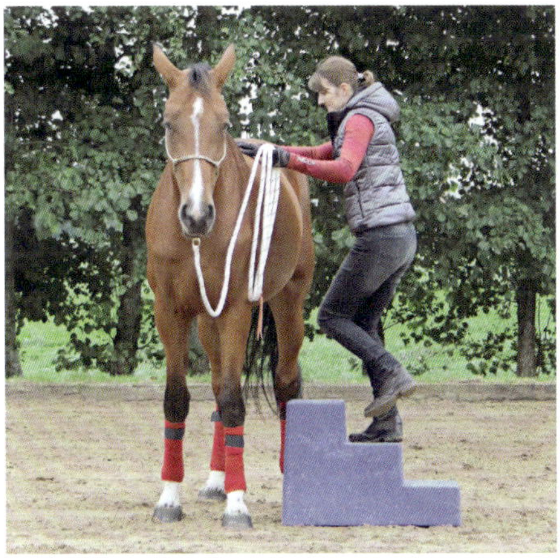

Einparken an der Aufsteighilfe.

Training mit der Sprühflasche.

Führen über einen Schlauch.

Mutiges Beschnuppern des Schirms.

Dann klappt auch dichtes Vorbeiführen.

RAPPELSACK

Das Pferd soll mithilfe des Rappelsacks lernen, dass auch unbekannte Geräusche toleriert und gelassen wahrgenommen werden können. Als Rappelsack eignet sich ein mit leeren Konservendosen o. Ä. gefüllter Jutesack, der mit einem Seil gezogen wird. Zunächst soll das Pferd den Rappelsack inspizieren dürfen, je nach Neugier wird das zunächst vorsichtig, dann intensiver geschehen. Manche Pferde versuchen sogar, mit einem Huf auf dem Rappelsack zu scharren, um ihn genauer zu erkunden. Bei skeptischen Pferden ist das zunächst erlaubt, sollte aber bald unterbunden werden. Dann bewegt ein Helfer den Sack in kurzen Zeitabschnitten vor dem stehenden Pferd hin und her. Bleibt das Pferd dabei ruhig, kann der Helfer den Bogen um das Pferd größer machen. Dann kann der Rappelsack auch in großem Abstand in einem Kreis um das stehende Pferd herumgezogen werden. Arbeitet man dann mit dem Pferd im Schritt, wird der Rappelsack zunächst in Höhe der Pferdeschulter mit einem Sicherheitsabstand (4 m) durch einen Helfer nebenher und dann vor dem Pferd gehend gezogen.

Mit zunehmender Gelassenheit des Pferdes wird der Rappelsack dann weiter zurückliegend gezogen. Dann kann man auch damit beginnen, den Rappelsack plötzlich anzuziehen, wenn das Pferd neben dem Helfer ist. Die beschriebene Vorgehensweise gilt entsprechend auch für die anderen GHP-Hindernisse.

FLATTERVORHANG

Das Pferd muss sich mit einem optischen Reiz auseinandersetzen, der über seinem Körper ist und beim Durchlaufen auch den Körper berührt. Auch hierbei muss in kleinen Lernschritten gearbeitet werden, um das Vertrauen des Pferdes aufzubauen.
Der Flattervorhang wird in ca. 2,30 m aufgehängt und sollte ca. 2,50 bis 3,00 m breit sein. Die Flatterstreifen enden ca. 0,50 m über dem Boden. Er muss so stabil aufgestellt sein, dass er nicht umfallen kann.
Erst wird das Pferd mit Abstand am Flattervorhang vorbeigeführt, der Mensch geht zwischen Gegenstand und Pferd. Bleibt das Pferd gelassen, geht man an den Flattervorhang heran und lässt ihn inspizieren. Dann teilt man

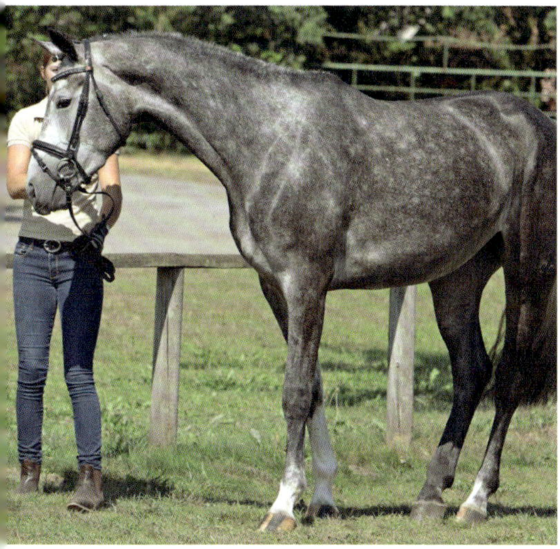

Die Jacke war „vorhin noch nicht da“.

den Flattervorhang, sodass eine große Lücke entsteht, und führt dann das Pferd langsam durch. Bleibt das Pferd auch hierbei ruhig und gelassen, wird die Lücke langsam verkleinert, bis der Vorhang im Original herunterhängt. Das Pferd muss vorher mit Berührungsreizen an der rechten Körperseite vertraut sein.

SCHIRM, BALL UND CO.

Die Hindernisse wie Schirm, Bälle, Rappelsack, Rappelkarre, Luftballons, Flattervorhang usw. werden ebenfalls in kleinen Schritten mit dem Pferd erarbeitet. Das Pferd soll sich dafür interessieren, aber trotzdem unter der Führung des Menschen bleiben.
Das Pferd soll zunächst den aufgespannten, auf dem Boden liegenden Regenschirm anschauen und beschnuppern. Sobald das ohne Schreckreaktionen möglich ist, wird das Pferd im ruhigen Schritt an dem Schirm vorbeigeführt, dabei geht der Mensch immer zwischen Schirm und Pferd. Mehrmaliges Anhalten und Loben geben dem Pferd Ruhe und Vertrauen.
Diese Übung wird dann von der anderen Seite geführt und auf der anderen Hand gehend wiederholt. Wenn dabei keine Ausweichreaktionen des Pferdes sichtbar sind, wird der Regenschirm von einer zweiten Person in die Hand genommen und wie vorher beschrieben, das Pferd auch an diese Situation gewöhnt. Erst dann kann nach einigen Übungseinheiten auch das Aufspannen des Schirmes miterarbeitet werden.
Der Schirm wird dem Pferd zusammengeklappt hingehalten. Weicht das Pferd nicht mehr aus, sondern wird neugierig, dann lässt man das Pferd in kleinen Etappen immer wieder Kontakt aufnehmen. Wichtig ist, darauf zu achten, dass der Reiz dem Pferd gegenüber immer unterhalb des Fluchtreflexes liegt.
Dann spannt man den Schirm langsam auf und erst danach lässt man den Schirm vor dem Pferd aufklappen. Sobald das Pferd eine Schreckreaktion zeigt, wird die Anforderung wieder deutlich reduziert und erst mit wachsendem Vertrauen wieder gesteigert. Pferde sollen auch auf optische Reize, die auf sie zukommen, wie z. B. Bälle, möglichst nicht schreckhaft reagieren.
In der GHP-Prüfung werden sie aus einer nachgestellten „Hecke“ herausgerollt, was den Schwierigkeitsgrad zusätzlich erhöht. In der Bodenarbeit der Reitabzeichen können die ersten Schritte dargestellt werden.
Nachdem es um den Ball herumgeführt wurde, darf das Pferd den Ball anschauen und mit der Nase berühren. Dann wird der Ball vom Pferd weggerollt und es wird hinterhergeführt. Danach wird der Ball auf das Pferd im Halten langsam zugerollt. Das Pferd soll dabei gelassen, interessiert und ruhig stehen bleiben.

011

Regenschirm & Co.
Wie die Desensibilisierung des Pferdes gelingt, zeigt dieser Film.

Erst mit langem Hals genau anschauen und beim Betreten …

… durchaus skeptisch sein. Aber Vertrauen …

PLANE AM BODEN

Das Pferd wird sich in kleinen Schritten mit Neugier und Skepsis der Plane nähern, die man anfangs auch schmal hinlegen kann. Wenn es den Hals und Kopf senkt, um die Plane mit der Nase riechend und teilweise schnaubend zu erkunden, muss man das auf jeden Fall zulassen. Als Nächstes wird es mit einem Huf versuchen, auf der Plane zu scharren, um den Untergrund und den Gegenstand abzuchecken. Erst dann wird es langsam versuchen, Schritt für Schritt über die Plane zu gehen. Das kann allerdings am Anfang auch ein großer Satz sein. Deshalb muss der Führende in einem guten Sicherheitsabstand zum Pferd stehen und das Pferd genau beobachten. Mit zunehmendem Vertrauen wird das Pferd ruhiger und gelassener über die Plane gehen und sich auch bei Veränderungen des Standortes nicht mehr unsicher zeigen.
Wird das Überqueren der Plane erarbeitet, geht zunächst der Mensch auf der Plane hin und her, damit das Pferd sich an das Geräusch gewöhnen kann. Dann führt er das Pferd an

012

Training mit Planen
Der Film zeigt, wie das Training mit Planen abläuft.

… hilft auch in dieser Situation.

eine schmal zusammengelegte Plane heran und herum. Dabei bleibt der Mensch immer zwischen dem Pferd und der Plane, damit er durch das Pferd nicht weggedrängt werden kann.
Auch beim direkten Führen erlaubt man dem Pferd eine gewisse Zeit das Erkunden der Plane mit der Nase und das Scharren mit den Hufen. Erst wenn das Pferd einen gelassenen Eindruck macht, führt man es über die Plane. Nach und nach kann die dann in ganzer Größe ausgelegt werden. Dabei wird das Verhalten des Pferdes genau beobachtet.
Die Beschaffenheit der Plane spielt auch eine Rolle. Sie sollte fest und sehr stabil sein, damit sie nicht beim Scharren des Pferdes reißt. An den Rändern wird sie mit Sand oder Stangen beschwert, um ein Hochwehen bei Wind zu verhindern. Auch der Übungsort wird nach einiger Zeit variabel gewählt.

☞ PARCOURS 14: VON ALLEM ETWAS

Dies ist ein vielseitiges Aufgabenbeispiel „von allem etwas", ausgeführt im Schritt und Trab.

1 Im Schritt hereinführen, mit der rechten Hand führend auf der linken Pferdeseite gehend, auf der Mittellinie vor den Richtern halten und grüßen, je nach Standort der Richter verschieden, Anführen im Schritt, an der kurzen Seite, rechte Hand

2 Antraben

3 Übergang zum Schritt

4 Engpass/Stangengasse im Schritt

5 An drei geöffneten liegenden Regenschirmen vorbeiführen

6 Über einer Bodenstange halten, im Schritt anführen

7 Halten

8 Rückwärts im Pylonentor einparken (Vorderbeine zwischen den Pylonen), Vorwärts anführen und nach links wenden

9 Im Schritt die Führseite wechseln

10 Volte, 8 m Durchmesser

11 Über eine Brücke oder Plane führen, danach bis zur kurzen Seite, dann auf die Mittellinie abwenden

12 Antraben

13 Vor den Richtern halten und grüßen

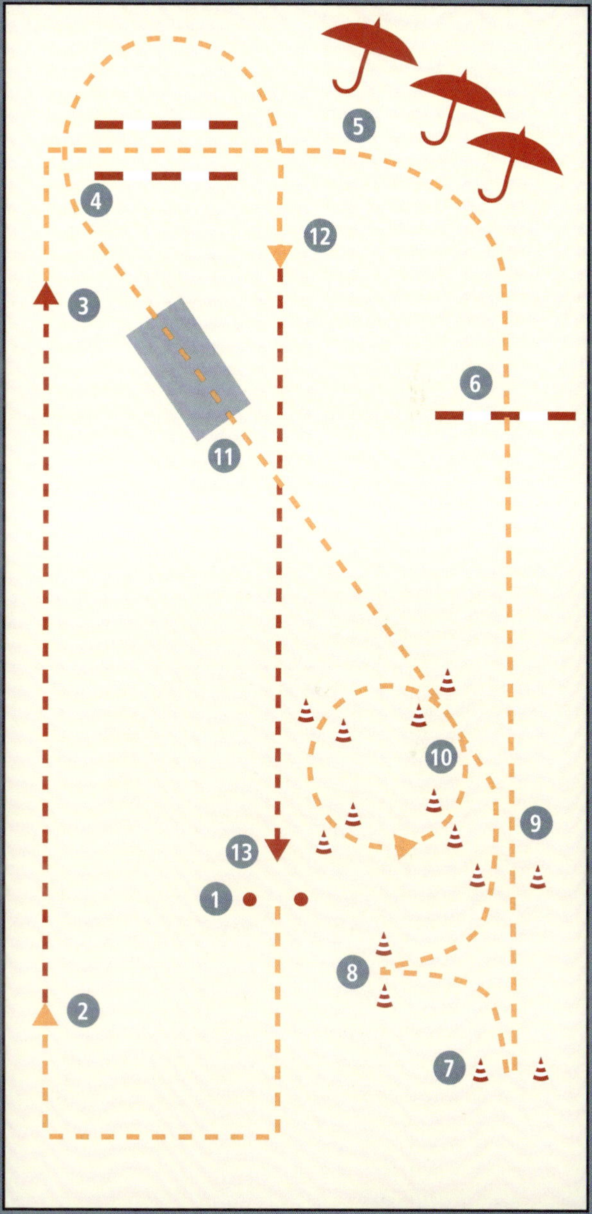

EQUIPMENT

- 14 Pylonen
- 3 Bodenstangen, 3 m Länge
- 6 Stangenunterleger zur Stabilisierung
- 1 Plane/Brücke
- 3 Regenschirme

ABSTÄNDE

- Parkbucht: Pylonentor 1,20 m im rechten Winkel zueinander ca. 3 m
- Stangengasse: 0,80 m

☞ PARCOURS 15: GRUSELKABINETT

Dies ist ein vielseitiges Aufgabenbeispiel mit vielen „Schreckstellen", ausgeführt im Schritt.

1 Im Schritt hereinführen, mit der rechten Hand führend auf der linken Pferdeseite gehend, auf der Mittellinie vor den Richtern halten und grüßen, je nach Standort der Richter verschieden, Anführen im Schritt, an der kurzen Seite linke Hand

2 Eine Volte um einen aufgespannten, liegenden Regenschirm

3 Seitenwechsel im Schritt

4 An liegenden Regenschirmen vorbeiführen, ein Schirm wird geschlossen und geöffnet

5 Bälle in einen Kreis schießen

6 Seitenwechsel im Schritt

7 Über eine Plane führen

8 Durch einen Flattervorhang führen

9 Halten, mit einer Sprühflasche an jeder Halsseite 1 – 2 Mal ansprühen

10 Halten, 5 Mal einen Ball auf den Boden prellen

11 Halten, Topf schlagen

12 Zurück zum Start, vor den Richtern halten und grüßen

EQUIPMENT

- 3 – 4 Regenschirme
- 10 Pylonen
- 1 Plane
- 4 Bälle
- 1 Hula-Hoop-Reifen
- 1 Flattervorhang
- 1 Sprühflasche
- 1 Topf mit Holzlöffel

ABSTÄNDE

- Kreis um Regenschirm/ Sonnenschirm: Durchmesser ca. 8 m
- Außenabstand ca. 1,50 m

PARCOURS 16: GELASSENHEITSTEST 1

Dies ist ein vielseitiges Aufgabenbeispiel für einen Gelassenheitstest.

1 Im Schritt hereinführen, mit der rechten Hand führend auf der linken Pferdeseite gehend, auf der Mittellinie vor den Richtern halten und grüßen, je nach Standort der Richter verschieden, Anführen im Trab auf der Mittellinie

2 Halten, dann anführen im Schritt

3 Sprühflasche aufnehmen und 2 Mal auf jeder Pferdeseite sprühen, im Schritt anführen

4 Halten, Plane über Rücken legen, 5 Sek. Stillstehen, dann wieder herunternehmen, anführen im Schritt

5 Tor aus Poolnudeln passieren

6 Halten, Topfschlagen, (3 Mal), dann im Schritt anführen

7 Über die Spitzen vom Stangenkreuz führen

8 Zu den Regenschirmen führen, einen aufnehmen und hochhalten, 2 Mal öffnen und schließen, im Schritt anführen, auf die Mittellinie abwenden

9 Antraben

10 Übergang verzögerter Schritt bis Startpunkt

11 Zurück zum Start, vor den Richtern halten und grüßen

EQUIPMENT

— 1 Sprühflasche
— 1 Plane 2 x 3 m
— 8 Poolnudeln
— 2 Sprungständer
— 1 Topf und Holzlöffel
— 4 Bodenstangen, 3 – 4 m Länge
— 2 Regenschirme

ABSTÄNDE

— Stangenviereck: Überstand ca. 0,50 m

☞ PARCOURS 17: GELASSENHEITSTEST 2

1 Im Schritt hereinführen, halten, grüßen, Anführen im Schritt

2 Antraben

3 Übergang zum Schritt

4 Rechtswendung um die Pylone

5 Antraben

6 Übergang zum Schritt

7 Halten, die Führseite wechseln

8 An drei geöffneten liegenden Regenschirmen vorbeiführen

9 3 Bälle „aus der Hecke" rollen

10 Über die Plane

11 Halten, mit Sprühflasche an jeder Halsseite 2-3 Mal einsprühen, danach die Führseite wechseln

12 Großen Ball mit nach vorne rollen, Ball ins Viereck schießen

13 Durch die Pylonengasse, ca. 4 m dahinter an der Pylone halten

14 Rückwärts einparken

15 Das Seiltor aufmachen, durchgehen und schließen (das Seil darf den Boden nicht berühren)

16 Im Pylonenviereck halten, der Führende hält neben dem Viereck, grüßen

EQUIPMENT

- 12 Pylonen
- 3 Regenschirme
- 1 Plane/Brücke
- 1 Sprühflasche
- Bälle „aus der Hecke":
  2 Ständer, 1 Stange,
  1 Decke/Plane
- Ballviereck: 4 Bodenstangen ca. 2 m, 1 großer Ball
- Gasse: 2 Bodenstangen, 3 m Länge mit 1,5 m Abstand, 4 Unterleger zur Stabilisierung
- Tor: 2 stabile Sprungständer, 1 dickes Seil ca. 3 - 4 m

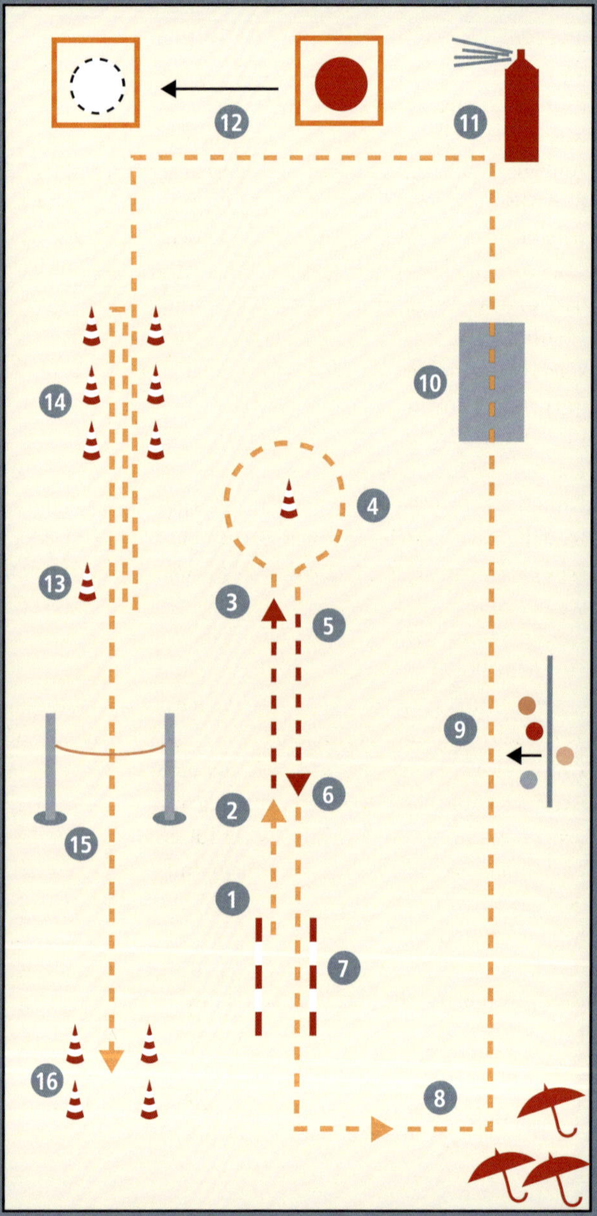

BODENARBEIT FÜR KINDER

Durch die Bodenarbeit können Kinder im Umgang mit dem Pony vielfältige Erfahrungen sammeln. Dazu brauchen sie ein gut erzogenes Pony, das auch in der Größe zu ihnen passt, damit sie zunächst Vertrauen entwickeln können.
Kinder sind anfangs entweder sehr zögernd oder ganz unerschrocken im Umgang mit Ponys. Deshalb brauchen sie eine gute Anleitung und zunächst einfache Aufgaben. Sie sollen in anschaulicher Weise lernen, wie ein Pony auf die Einwirkungen und Hilfengebung des Menschen reagiert. Durch die verschiedenen Aufgabenstellungen soll sowohl die Zusammenarbeit mit dem Pony als auch die Geschicklichkeit des Kindes entwickelt werden. Dabei darf nicht der Eindruck entstehen, dass das Pony die Aufgaben alleine bewältigt. Im Idealfall reagiert das Pony so fein, das es auf zögernde oder ungenaue Einwirkung auch ungenau mitarbeitet, sodass die Kinder lernen, in ihrer Körpersprache und Einwirkung klar und fein zu werden.
Kinder haben auch noch nicht immer ein gutes räumliches Einteilungsvermögen, durch verschiedene Aufgaben können sie dieses weiterentwickeln.
Auch die Konzentration auf eine Aufgabe lässt schneller nach als bei jugendlichen oder erwachsenen Menschen. Daher sind vielseitige Aufgabenstellungen hilfreich.
Kinder probieren auch gerne viele Dinge aus, wenn sie sich sicher fühlen und neugierig werden. Hier hilft die Bodenarbeit, diesen Ideenreichtum in geregelte Bahnen zu lenken und besonders auch auf die Bedürfnisse und Verhaltensweisen des Pferdes einzugehen. Durch ihre Unbefangenheit wirken Kinder in aller Regel nicht bedrohlich für ein Pferd/Pony. Dadurch kommt dann das sehr positive Sozialverhalten des Pferdes zum Ausdruck, sie achten auf das Kind und verhalten sich oftmals vorsichtiger in ihrem Bewegungsablauf.

Maja und Bärchen sind ein eingespieltes Team. Das Durchschreiten des Doppel-Us fördert Konzentration, Timing und Gelassenheit.

Auch in Situationen mit Außenreizen reagieren sie oft etwas gelassener und „nehmen auf das Kind Rücksicht". Aber das muss nicht die Regel sein. Deshalb sollten Kinder von Anfang an die richtigen Umgangsregeln mit dem Pferd erlernen und Schritt für Schritt an schwierigere Aufgaben herangeführt werden. Auch die allmähliche Sensibilisierung auf die Wahrnehmung von Außenreizen für das Pferd/Pony gehört mit zum Lernprogramm für Kinder. Das muss aber sehr maßvoll, und auf das Kindesalter angepasst, unterrichtet werden. Durch die Bodenarbeit kann die Desensibilisierung als Thema durch verschiedene Hindernisse miteinfließen.
Kinder müssen lernen, dass Pferde eine eigene Wahrnehmung und auch eigene Bedürfnisse haben, dabei aber sehr umsichtige, liebenswerte und bei einer Vertrauensbasis sehr gut mitarbeitende Lebewesen sind.

Slalom um Pylonen.

Überqueren einer Plane.

Ball rollen zwischen Bodenstangen.

Stange in die Pylonen stecken.

Balancieren auf der Stange.

Ein wehendes Flatterband.

☞ PARCOURS 18: MIT FÜHRZÜGEL UND KIND AUF PONY

1 Im Schritt hereinführen, vor den Richtern halten und grüßen

2 Anführen im Schritt, vor dem Hufschlag nach links abwenden

3 Einen Becher auf einer Tonne aufnehmen

4 Den Becher auf der Tonne abstellen

5 Slalom

6 Unter einer an zwei Springständern aufliegenden Poolnudel durchgehen, ca.1,50 m hoch

7 Zwei Bälle in einen Eimer werfen

8 Über eine unterschiedliche Stangenreihe im Schritt

9 Einen Becher auf einer Tonne aufnehmen

10 Mit dem Becher in der Hand weiterreiten, an der nächsten Tonne halten, Becher auf der Tonne abstellen, zweiten Becher aufnehmen

11 Becher auf der Tonne abstellen

12 Ball, der auf zwei Stangen liegt mit der Hand rollen

13 Am Ende halten, den Ball in den Eimer werfen

14 Zum Start zurückgehen, halten, vor den Richtern grüßen und die Bahn verlassen

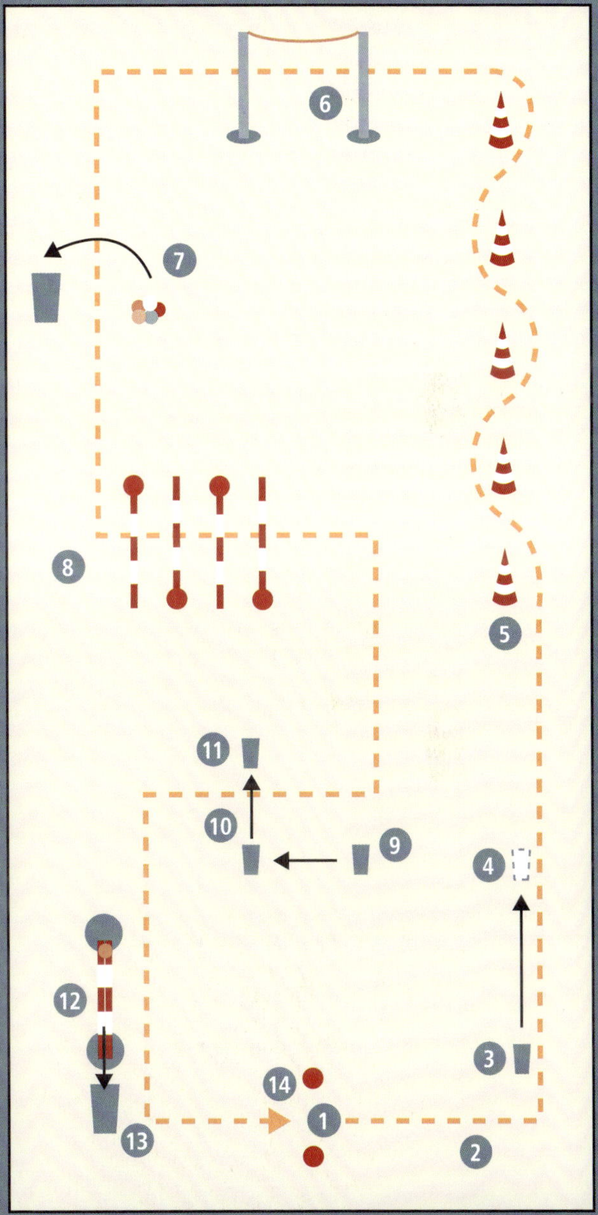

EQUIPMENT
- 5 Pylonen
- 5 Bodenstangen, 5 Cavalettiblöcke
- 1 Poolnudel
- 2 Stangen
- 5 Tonnen, 4 Plastikbecher
- 3 Bälle
- 2 Eimer
- 2 Sprungständer

ABSTÄNDE
- Slalom: Abstände 6 – 7 m
- Stangenreihe: Abstand ca. 60 – 70 cm

☞ PARCOURS 19: PARTNER-TRAIL

Dies ist ein Aufgabenbeispiel für einen Parcours für zwei Menschen und ihre Pferde, die gleichzeitig in der Bahn sind.

1 Im Schritt nebeneinander hereinführen, vor den Richtern bei X halten und grüßen

2 Anführen im Schritt auf der Mittellinie

3 Teilen: nach links und rechts abwenden

4 Jeweils Durch die halbe Bahn wechseln

5 Führseitenwechsel

6 Halten, Hinterhand um 180° nach außen verschieben

7 Führseitenwechsel

8 Im Schritt bis zur Pylone, dort Antraben

9 Halten, Wendung um die Hinterhand 180° (Vorhand verschieben)

10 Im Schritt anführen

11 Im Slalom um die Pylonen

12 In der Stangengasse halten

13 Sechs Tritte rückwärtstreten lassen, daraus im Schritt antreten

14 Auf die Mittellinie abwenden

15 Bei X halten, vor den Richtern grüßen und die Bahn verlassen

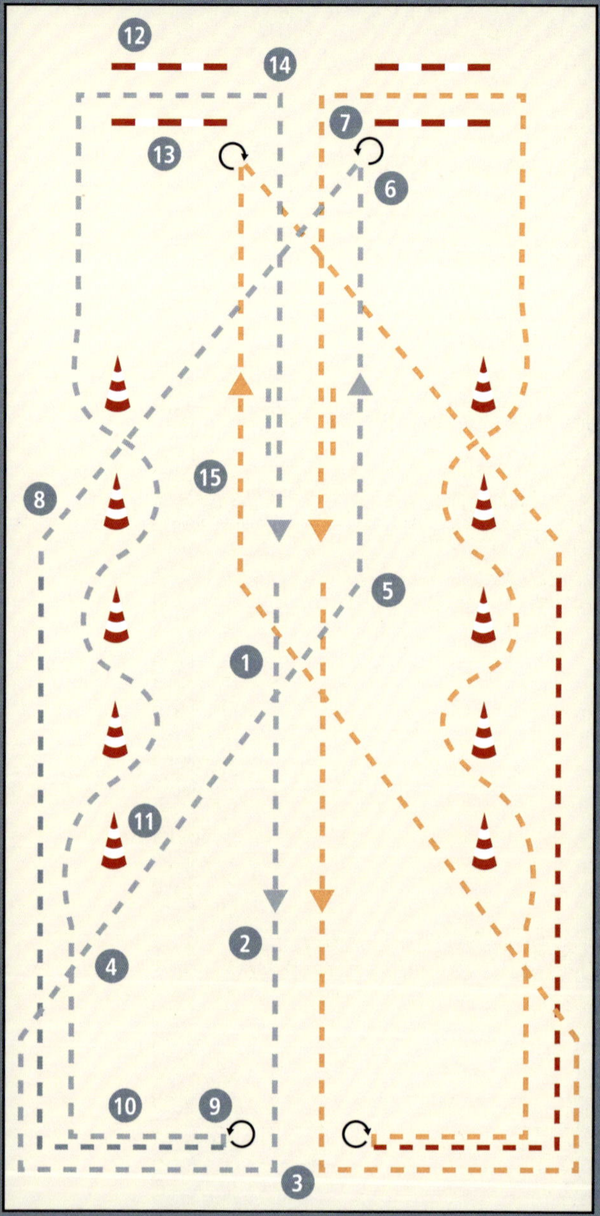

EQUIPMENT
- 10 Pylonen
- 4 Bodenstangen, 3 m Länge
- 8 Stangenunterleger zur Stabilisierung

ABSTÄNDE
- Slalom: 7 m
- Stangengasse: 1,50 m

☞ PARCOURS 20: GESCHICKLICHKEIT FÜR MENSCHEN

Dies ist ein Aufgabenbeispiel für einen Parcours, bei dem die Geschicklichkeit des Menschen im Vordergrund steht.

1 Im Schritt hereinführen, vor den Richtern bei X halten und grüßen, im Schritt anführen bis

2 Seitenwechsel im Schritt

3 über fünf unregelmäßige Stangen treten

4 Ball in Stangengasse mit Besen rollen

5 Seitenwechsel im Schritt

6 Tor öffnen, durchgehen und schließen

7 Über die Balancierstange gehen, ohne den Boden zu berühren

8 Zurück zum Start, vor den Richtern grüßen und die Bahn verlassen

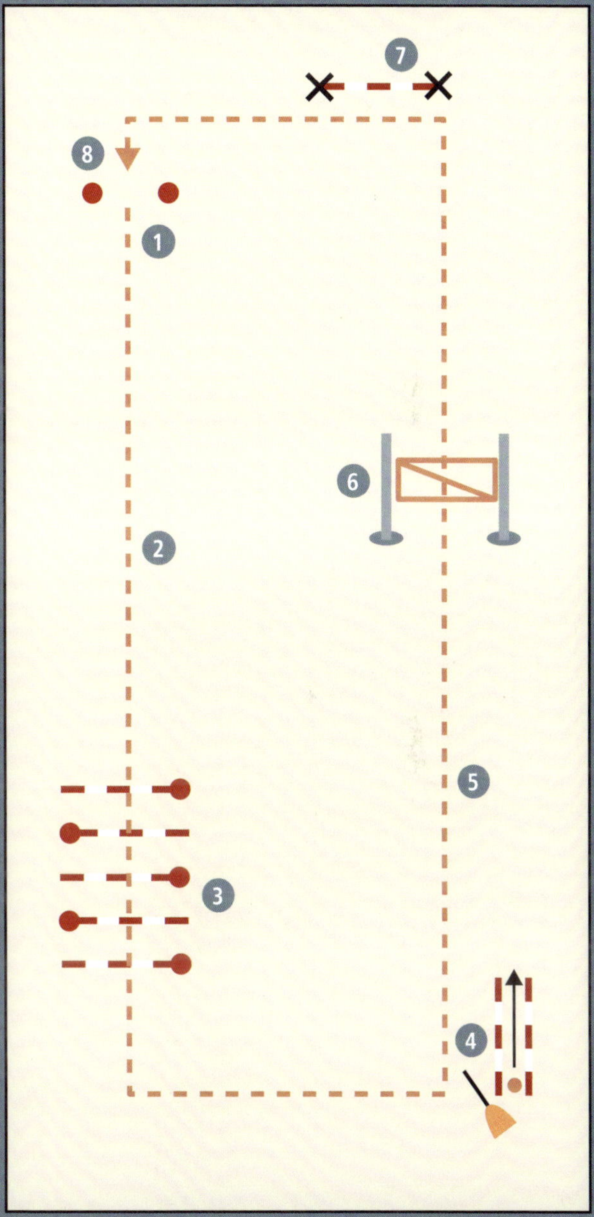

EQUIPMENT

- 5 Pylonen
- 7 Bodenstangen, 3 m Länge
- 10 Stangenunterleger zur Stabilisierung
- 1 Ball
- 1 Besen
- 1 Tor
- 1 stabile Balancierstange

ABSTÄNDE

- Unregelmäßige Stangenreihe: 80 – 90 cm

☞ PARCOURS 21: GESCHICKLICHKEITSPARCOURS AUF ZEIT

Aufgaben und Wege können im Trab ausgeführt werden, um Zeit zu sparen.

1 Im Schritt hereinführen, am Startpunkt vor den Richtern halten und grüßen, im Schritt anführen

2 Im Slalom um die Pylonen

3 In der Gasse halten, Glocke läuten, rückwärtstreten lassen

4 Halten, Becher von einer Halterung zur anderen wechseln

5 Durch die U-Stangengasse

6 Über Stangen treten lassen

7 Ins Stangenviereck führen, halten, einmal um das Hütchen herumführen

8 Eine Volte in der Pylonengasse

9 In die hohe Stangengasse, halten

10 Satteldecke von der linken Stange nehmen, auf das Pferd legen, von der anderen Seite herunternehmen, und auf der rechten Stange ablegen

11 Rückwärts aus der Gasse, danach vorwärts

12 Slalom

13 Vor den Richtern halten, grüßen

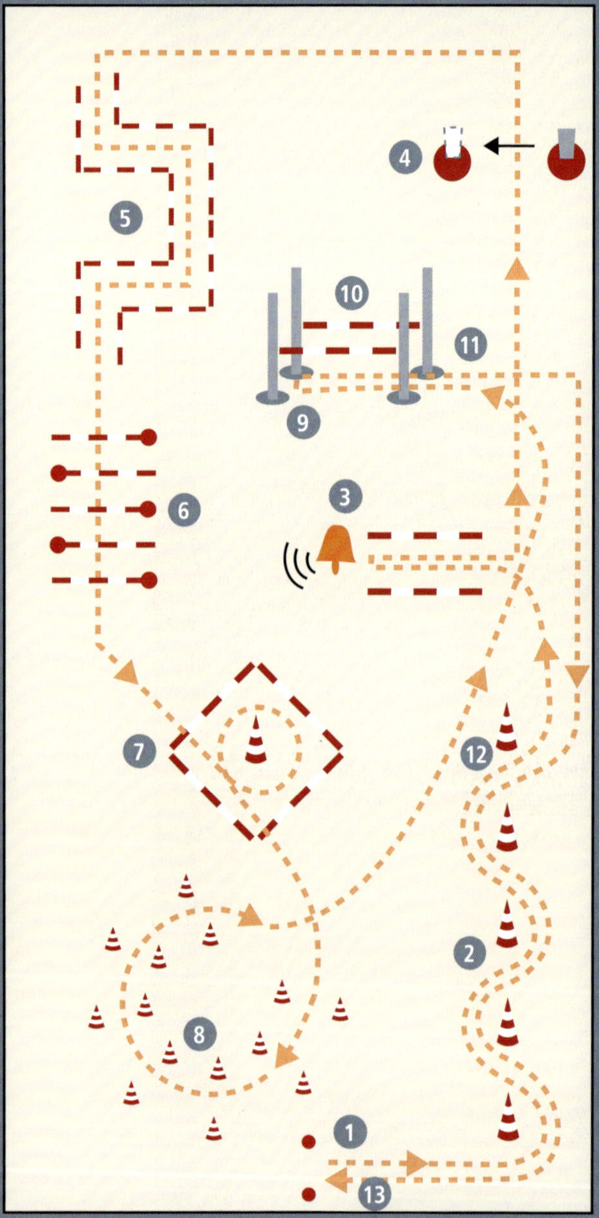

EQUIPMENT

- 14 Pylonen für Volte innen Ø 8 m
- 5 Pylonen für Slalom: 6 m Abstand
- 20 Bodenstangen, 3 m Länge
- 4 Bodenstangen, 4 m Länge
- 1 Pylone
- 26 Stangenunterleger
- 5 Cavalettiblöcke
- 1 Glocke, 1 Satteldecke
- 4 Sprungständer
- 2 Tonnen, 1 Becher

ABSTÄNDE

- Stangenabstand: ca. 60 - 70 cm

☞ PARCOURS 22: FÜR KINDER MIT SICHEREN PONYS

1 Im Schritt hereinführen, vor den Richtern halten und grüßen, im Schritt anführen

2 Durch den Slalom führen

3 Bei der Pylone antraben

4 Übergang Schritt danach Rechtswendung

5 In der Stangengasse halten, im Schritt anführen

6 Über der Stange halten, im Schritt anführen

7 Nach rechts wenden, durch das Labyrinth, nach links wenden

8 Über die Plane führen, zur kurzen Seite nach rechts abwenden

9 Antraben, Trab auf dem Hufschlag

10 Übergang zum Schritt

11 Unter der Poolnudel durch

12 Durch den Slalom

13 Zum Start zurückgehen, halten, grüßen und die Bahn verlassen

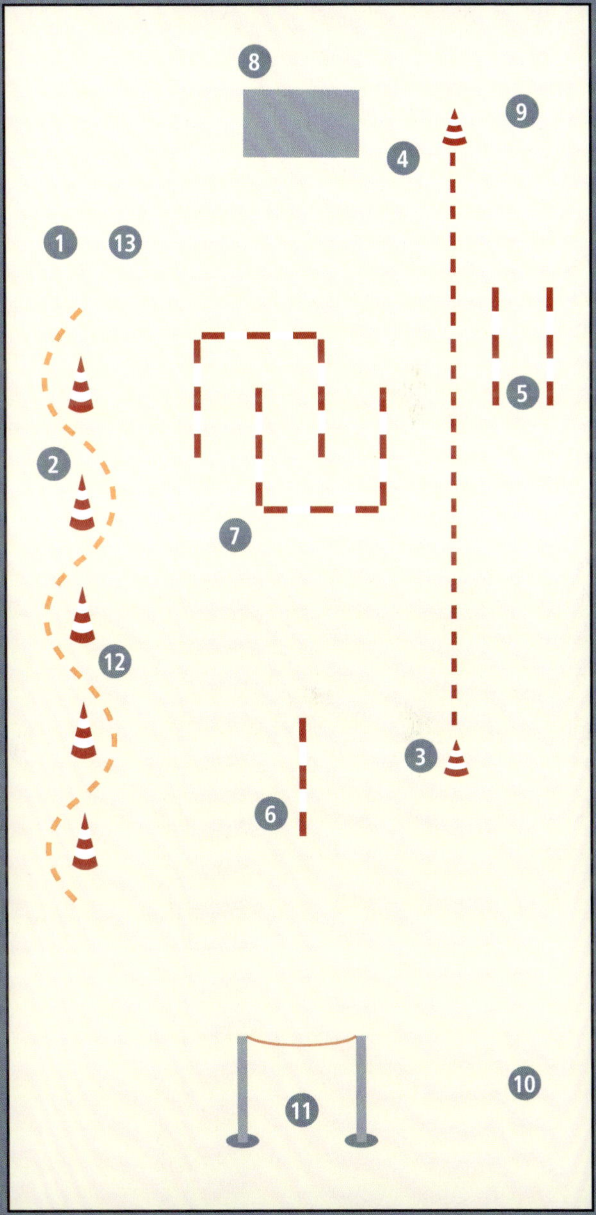

EQUIPMENT

— 7 Pylonen
— 9 Bodenstangen
— 18 Stangenunterleger zur Stabilisierung
— 1 Poolnudel
— 2 Sprungständer
— 1 Plane

ABSTÄNDE

— Slalom: 6 m
— Labyrinth: 1,20 m
— Poolnudelhöhe: ca. 1,60 m (je nach Ponygröße)

☞ PARCOURS 23: PRÄZISIONSPARCOURS

1 Im Schritt hereinführen, am Startpunkt vor den Richtern halten und grüßen, im Schritt anführen

2 Sack aus Viereck ziehen, mitnehmen

3 Sack im Viereck ablegen

4 Führseil mit der linken Hand aufnehmen, das Pferd in einer Volte auf Distanz (3,50 m) herumgehen lassen, dann wieder die normale Führposition einnehmen

5 Unregelmäßige Stangenreihe

6 Wendehammer: in Stangengasse mit Quadrat hineingehen, einmal um die Pylone in der Mitte wenden

7 Antraben

8 Halten, Antreten im Schritt

9 Halten, Rückwärts in Pylonengasse einparken

10 Antreten im Schritt, zurück zum Start, vor den Richtern halten und grüßen

EQUIPMENT

- 9 Pylonen
- 7 Bodenstangen, 3 m Länge
- 4 Bodenstangen, 4 m Länge
- 22 Stangenunterleger
- 1 stabiler Sprungständer
- 1 Seil, 4 m Länge
- 1 Klappersack

ABSTÄNDE

- Voltengröße: 10 m
- Stangenabstand: 1,50 m
- Wendehammer: 1,50 m Eingang breit, 3 m lang, Quadrat 4 m

LEITSEIL

Die Arbeit mit dem Leitseil/Bodenarbeitsseil hat mehrere Aspekte. Sie dient bei jungen Pferden als Vorbereitung für das klassische Longieren, dient der Kontrolle über die Einwirkung auf das Pferd in der Distanz, bereitet auf das Reiten vor, hilft dem Pferd, Vertrauen in die Umwelt zu entwickeln, ermöglicht nach einiger Übung auch die Arbeit in Geschicklichkeits- und GHP-Hindernissen und kann von erfahrenen Menschen als Vorbereitung zum Verladen eingesetzt werden. Die Ausrüstung besteht zunächst aus einem Knotenhalfter evtl. Halfter und dem Leitseil. Das Leitseil sollte je nach Pferdegröße zwischen 3,80 und 4.80 m liegen.
Für junge oder ungestüme Pferde kann das Leitseil auch ca. 7,00 m lang sein, damit man einen ausreichenden Sicherheitsabstand zum Pferd einhalten kann (siehe Seite 24).

TEMPO- UND GANGARTWECHSEL

Zum Antreten des Pferdes auf Distanz stellt man sich in Höhe der Sattellage mit Front zum Pferd. Die Seilschlaufen liegen dabei in der Hand, die das Pferd auf Distanz führt. Dabei hält man das Seil so in der Hand, dass diese mit dem kleinen Finger Richtung Pferdekopf zeigt. Dann treibt man mit einer oder mehreren kreisenden Bewegungen des Seilendes durch die zweite Hand das Pferd von sich weg auf eine Kreislinie. Sobald das Pferd willig losgeht, reduziert man die kreisenden Seilbewegungen. Mit dem Weggehen des Pferdes wird das Seil nachgegeben, bis das Pferd die gewünschte Kreisgröße erreicht hat. Wichtig ist das aktive Nachgegeben durch den Menschen: Das Pferd soll nicht am Seil ziehen müssen, um den Kreis vergrößern zu können. Ein Sicherheitsabstand zur Hinterhand muss vor allem beim Treiben unbedingt eingehalten werden.

Die Position des Menschen richtet sich nach der Signalgebung: zum Treiben eher im hinteren Bauchbereich bis zur Kruppe, zum Verhalten des Tempos etwas weiter vorne im Bereich der Schulter oder des Halses, zum Anhalten auch in Kopfhöhe oder sogar etwas vor den Pferdekopf, um den Weg zu begrenzen. In der treibenden Position dreht man sich in seiner eigenen Körperachse in die Bewegungsrichtung des Pferdes und setzt dabei die Stimme und bei Bedarf das Kreisen des Seilendes als Unterstützung ein.
Wird ein Touchieren des Pferdes notwendig, muss unbedingt ein Sicherheitsabstand eingehalten werden. Zur Tempoverzögerung oder zum Übergang in eine niedrigere Gangart dreht man sich etwas gegen die Bewegungsrichtung des Pferdes und nutzt dabei auch die Stimme als Hilfe. Das Pferd soll bei allen Übergängen und beim Anhalten auf der Kreislinie bleiben.
Sollte das Pferd nach innen drängeln, wird es durch kreisende Bewegungen des Seilendes in Richtung Pferdeschulter nach außen geschickt. Sollte es darauf nicht reagieren, kann auch ein Touchieren mit dem Lederteil des Seilendes die Aufforderung deutlicher machen. Das Seil soll in der Distanzarbeit leicht durchhängen, ohne den Boden zu berühren.

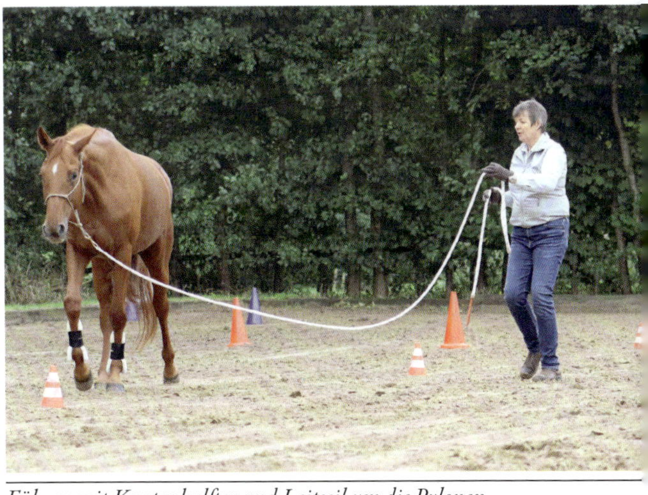

Führen mit Knotenhalfter und Leitseil um die Pylonen.

Arbeit am langen Zügel durch das Stangen-L.

Durch sein Eigengewicht entsteht dabei eine ruhige, feine Verbindung zum Pferd. Die Hand muss sehr kontrolliert und den Weg weisend getragen werden. Durch eine leichte, schwunggebende Handbewegung kommt über den Seilschwung ein Signal beim Pferd an. Die Körpersprache des Menschen wird ebenfalls vom Pferd sehr gut beobachtet. Sie sollte ruhig und klar ausdrücken, wohin das Pferd gehen soll.

- Zirkellinien gehen in verschiedenen Durchmessern
- Zirkel verschieben, Oval gehen
- Wechseln zwischen geraden und gebogenen Linien
- Schlangenlinien
- Handwechsel

Zur Unterstützung des Pferdes und besseren Kontrolle der Linienführung können in diesen biegenden Übungen auch Pylonen eingesetzt werden.

013

Führen mit Leitseil

Der Film zeigt das Führtraining am Leitseil.

ARBEIT AM LANGEN ZÜGEL

Aus dem Führtraining und der Leitseil-/Distanzarbeit lässt sich sehr gut die Arbeit am „langen Zügel“ entwickeln. Die Pferde haben gelernt auf die Einwirkungen und Hilfen des Menschen fein zu reagieren. Sie haben sich auch daran gewöhnt, dass der Mensch auf Entfernung zu ihnen steht bzw. geht, und sie in bestimmte Richtungen schickt. Außerdem sollten sie sich mit dem Seil überall vertrauensvoll berühren lassen. Zur Ausrüstung gehört jetzt allerdings auch ein Longiergurt mit seitlich angebrachten Ringen, eine passende Trense und zwei lange Zügel oder Leitseile von ca. 5 - 6 m Länge und eine kurze Fahrpeitsche oder Bogenpeitsche. Bei jüngeren Pferden können die Langzügel auch in die Trensenringe in Verbindung mit dem Knotenhalfter eingeschnallt werden.

Für die ersten Versuche ist ein Helfer vorteilhaft, der das Pferd hält, bis man in die Position hinter das Pferd gegangen ist, und dann zunächst auch mit anführt, bis das Pferd sich auf die noch neue Hilfengebung eingestellt hat. Ich gehe in ca. einer Pferdelänge (3 m) hinter dem Pferd, um einen Sicherheitsabstand einzuhalten.

Das Pferd soll sich am langen Zügel über die Zügeleinwirkung und die treibenden Stimmhilfen und eventuelle Unterstützung durch die Bogenpeitsche in dem gewünschten Tempo und in die gewünschte Richtung dirigieren lassen. Zunächst im Schritt in den unterschiedlichen Tempi: verzögerter Schritt, mittlerer Schritt und raumgreifender (verstärkter) Schritt, so wie vorher im Führtraining erarbeitet.

Bei entsprechender Fitness des Menschen können im Verlauf der Ausbildung auch der Trab und der Galopp erarbeitet werden.

Der Fokus liegt aber in der vertrauensvollen Schrittarbeit und der Erarbeitung von Umwelthindernissen als Vorbereitung und Ergänzung zum Reiten oder Fahren.

Die Zügel liegen in der linken Hand, der linke Zügel von oben in der ganzen Hand, der rechte Zügel zwischen Mittel- und Ringfinger. Die Peitsche wird in der rechten Hand getragen. Wenn die Zügel in beiden Händen wie beim Reiten gehalten werden, gestaltet sich das Handling der Peitsche schwieriger und ist nicht zügelunabhängig.
In der Arbeit am langen Zügel kann ich mit dem Pferd auch die verschiedensten Bodenarbeitshindernisse absolvieren und mit genügend Routine auch Ausflüge in die nähere Umgebung machen. Diese Art der Arbeit kommt der Aufgabenstellung des Reitens sehr entgegen. Die Hilfengebung mit Zügeln und Schenkel (Peitsche) muss sehr gut koordiniert werden, um ein optimales Resultat – Bewältigung der Aufgabe – zu erhalten.

Bei der seillosen Arbeit ist Carolin nah am Pferd.

Aufmerksam im gemeinsamen Trab.

SEILLOSE BODENARBEIT UND FREIARBEIT

Neben dem Abzeichen Bodenarbeit wurde mit der APO 2014 auch die Möglichkeit geschaffen, eine Fortbildung, aufbauend auf dem Abzeichen Bodenarbeit, durchzuführen. Da hier ohne Verbindungselemente (Seil/Longe) zum Pferd gearbeitet wird, gehört ein gut umgrenzter Platz unabdingbar als Vorbedingung dazu.
In die seillose Bodenarbeit werden alle Übungen der geführten Bodenarbeit einbezogen; auch anspruchsvollere Übungen wie z. B. Halten aus dem Trab, rückwärtstreten lassen, seitliches Verschieben u. a. Der Mensch befindet sich in unmittelbarer Nähe des Pferdes, aber ohne Seilverbindung. Als Voraussetzung für gutes Gelingen dient eine gute Grunderziehung des Pferdes und eine klare, eindeutige Körpersprache des Menschen. Auch hier gilt die Ausbildungsregel vom Einfachen zum Schweren und vom Bekannten zum Unbekannten.
Die Übungen müssen logisch aufeinander aufbauen und auch dem Pferd die Freude an der Arbeit erhalten. Wichtig zu beachten ist die Konzentrationsfähigkeit des Pferdes. Wenn hierbei Grenzen überschritten werden, sind Fehler und Misserfolge das Ergebnis.
In der Freiarbeit wird die Entfernung zum Pferd durch die äußere Begrenzung des Platzes bestimmt. Das Pferd befindet sich dabei in einer deutlichen Entfernung zum Menschen. Oft wird dafür ein Longierzirkel oder ein Roundpen verwendet. Das Pferd soll sich in allen Gangarten kontrolliert bewegen und auch Richtungs-, Gangarten- und Tempowechsel durchführen, indem es auf die Körpersprache und Stimmsignale des Menschen reagiert. Auch hierfür ist eine gute Grundausbildung in der geführten Bodenarbeit Voraussetzung.
Der Mensch muss sich selber sehr gut in seinen Bewegungen kontrollieren, ein gutes Gespür für das richtige Timing, den richtigen Standort und die richtige Dosierung der Hilfengebung entwickeln. Das Ziel ist eine fast unsichtbare Kommunikation mit dem Pferd, die nur durch Vertrauen, Geduld und die notwendige Konsequenz bei entsprechender Fairness möglich wird.

☞ PARCOURS 24: MIT LEITSEIL AUF DISTANZ

1 Im Schritt hereinführen, mit der rechten Hand führend auf der linken Pferdeseite gehend, auf der Mittellinie vor den Richtern halten und grüßen, je nach Standort der Richter verschieden

2 im Schritt auf einer Kreislinie (Volte) antreten lassen (Abstand zum Pferd min. 3 m), dann das Pferd auf dem Hufschlag entlang gehen lassen

3 Halten, im Schritt weitergehen

4 Volte (8 – 10 m) im Trab um die Pylonen

5 Übergang zum Schritt

6 Durch die Stangengasse

7 Abwenden Richtung Mittellinie, dabei die Seite wechseln

8 Halbe Volte rechts

9 Auf dem Hufschlag antraben, Trab bis zur Ecke

10 Acht um die Pylonen im Schritt oder Trab

11 Slalom (nur das Pferd um die Pylonen, Führender bleibt auf Parallel-Distanz oder der Führende wechselt jeweils vor dem Pferd auch die Seite)

12 Zurück zum Start, Halten, in Führposition gehen, vor den Richtern halten und grüßen

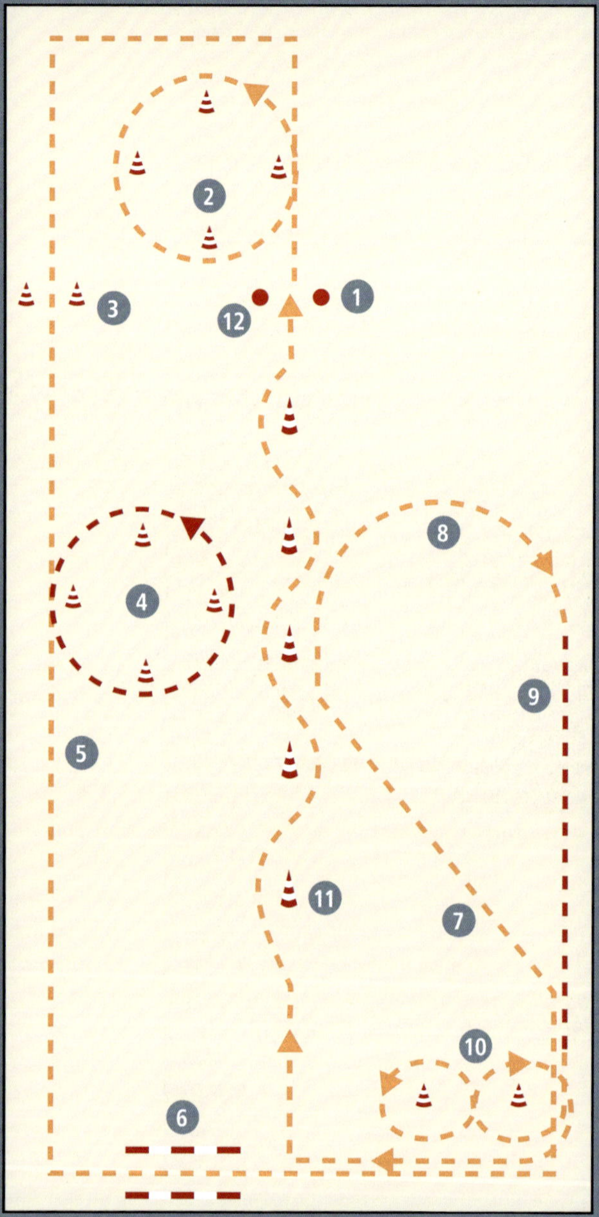

EQUIPMENT

- 17 Pylonen
- 2 Bodenstangen
- 4 Stangenunterleger zur Stabilisierung

ABSTÄNDE

- Slalom: 7 m
- Acht: 6 m, 3 m zum Hufschlag
- Pylonentor: 1,20 m

☞ PARCOURS 25: MIT LANGZÜGEL

Dies ist ein Aufgabenbeispiel für einen Parcours mit Langzügel, ausgeführt im Schritt und Trab.

1 Im Schritt hereinführen, ca. 3m (eine Pferdelänge) hinter dem Pferd gehend, auf der Mittellinie vor den Richtern halten und grüßen, je nach Standort der Richter verschieden, Antreten im Schritt

2 Pylonentor

3 Volte mit Pylonentoren

4 Einfache Schlangenlinie mit Pylonentoren (Schritt oder Trab)

5 Stangen-L im Schritt

6 Halten ca. 6 Tritte rückwärtstreten lassen, halten

7 im Schritt nach rechts antreten lassen

8 Acht im Schritt

9 Stangen-L

10 Antraben

11 Zurück zum Start, vor den Richtern halten und grüßen

EQUIPMENT

— 26 Pylonen
— 8 Bodenstangen, 3 m
— 16 Stangenunterleger zur Stabilisierung

ABSTÄNDE

— Stangen-L: 1,20 – 1,50 m
— Acht: 6 m
— Volte: 10 m

☞ PARCOURS 26: SEILLOSE BODENARBEIT

Dies ist ein Aufgabenbeispiel für einen Parcours, bei dem das Pferd ohne Seil geführt wird, ausgeführt im Schritt und Trab.

1 Im Schritt hereinführen, mit der rechten Hand führend auf der linken Pferdeseite gehend, auf der Mittellinie vor den Richtern halten und grüßen, je nach Standort der Richter verschieden, das Halfter herunternehmen oder Führseil abhaken, Anführen im Schritt

2 Rechtsum

3 Linksum

4 Volte um die Pylonen

5 Antraben

6 Halten

7 Sechs Tritte rückwärtstreten lassen

8 Halten, Führseite wechseln, im Schritt anführen, durch die Diagonale

9 Volte

10 Engpass

11 Acht führen, dabei die Führseite wechseln im Schritt

12 Zurück zum Start, halten, grüßen

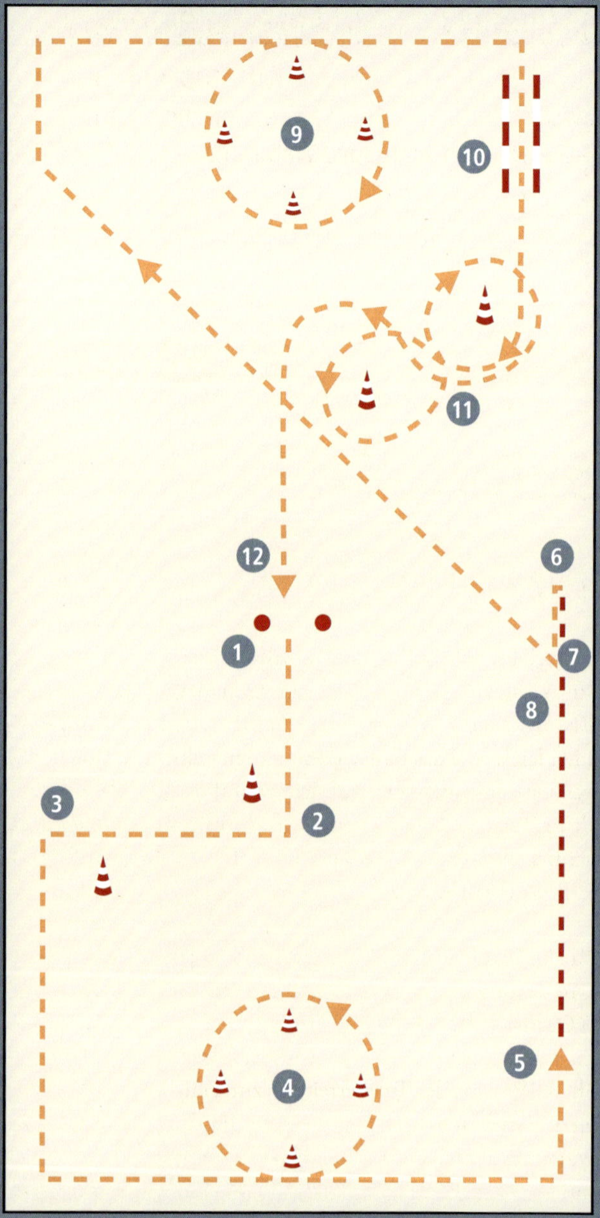

EQUIPMENT
- 14 Pylonen
- 2 Bodenstangen
- 4 Stangenunterleger zur Stabilisierung

ABSTÄNDE
- Volte: 8 m
- Acht: 6 m

SERVICE

ZUM WEITERLESEN

Hölzel, Petra/Schöffmann, Dr. Britta: **Pferdeführerschein Umgang,** Prüfungswissen der FN für Theorie und Praxis; KOSMOS 2020
Hier lernen Sie das Basiswissen für den richtigen Umgang mit dem Pferd. Dieser umfassende Prüfungsvorbereiter enthält alle vorgeschriebenen Themenbereiche. Auch als E-Book erhältlich.

Röckener, Lisa: **Mein Leben mit den Pferden,** Mit Trainingsideen für Freizeit und Show; KOSMOS 2021
In diesem Buch erzählt Lisa Röckener über ihren Weg von der Turnierreiterin zur Trainerin, über ihren Unfall und wie ihr Pferd Valoo ihren Umgang mit Pferden von Grund auf verändert hat. Ein sehr persönliches Buch, gespickt mit praktischem Rat fürs Pferdetraining und Reiten. Auch als E-Book erhältlich.

Schöpe, Sigrid: **Bodenarbeit mit Stangen und Pylonen,** Mit den Übungen für die Abzeichenprüfungen; KOSMOS 2016
Bodenarbeit ist ein wichtiger Teil der Prüfungen zu den Reitabzeichen der FN. Dieser kompakte Foto-Ratgeber zeigt, wie gute Bodenarbeit gelingt: Vom korrekten Führtraining bis hin zum Geschicklichkeitstraining.

Schöpe, Sigrid: **Zirkustricks mit Pferden,** Gymnastizieren, Motivieren, Partnerschaft stärken; KOSMOS 2021
Zirkusarbeit begeistert alle! Egal ob Westernpferd oder Dressurcrack: Die Übungen bringen Abwechslung in den Trainingsalltag und stärken die Partnerschaft zwischen Pferd und Reiter. Dieses Buch zeigt die Vielfalt der Zirkusarbeit, von kleinen Tricks wie „Mützenklau" und „Decke ausziehen" bis zu anspruchsvollen Lektionen wie „Kompliment" und „Liegen". Auch als E-Book erhältlich.

Teschen, Babette/Konnerth, Tania: **Praxiskurs Bodenarbeit;** KOSMOS 2021
Einen pferdegerechten, positiven und sanften Weg im Umgang mit ihrem Pferd suchen viele Pferdefreunde. Babette Teschen und Tania Konnerth zeigen, wie die Übungen funktionieren und erklären stets auch das „Warum". Auch als E-Book erhältlich.

REGISTER

BILDNACHWEIS

Mit 118 Farbfotos von Gudrun Braun/KOSMOS (60: Seite 4, 5, 10, 11, 16, 17, 28, 34, 36, 37, 38, 39, 40, 43, 57, 58, 59, 60 o., 61, 62, 63, 64 u., 71, 72 li., 79, 80, 87, 88), Christiane Slawik/ KOSMOS (2: Seite 25), Inge Vogel (5: Seite 72 re., 73, 74) und Pauline von Hardenberg/ KOSMOS (51: Seite 3, 6, 7, 8, 9, 12, 13, 14, 15, 18, 19, 20, 21, 23, 24, 29, 30, 31, 32, 33, 49, 51, 58 u.re., 60 u., 64 o., 69, 89).

Mit 29 Illustrationen von Cornelia Koller/KOSMOS (Seite 44-48, 52-56, 65-68, 75-78, 81-86, 90-92).

IMPRESSUM

Umschlaggestaltung von Jeanne van Stuyvenberg, die basis, unter Verwendung von 10 Farbfotos von Pauline von Hardenberg/Kosmos (Umschlagvorder- und -rückseite, Autorinnenfoto, Innenklappe 03), Gudrun Braun (Innenklappe) und 6 Illustrationen von Cornelia Koller/Kosmos.

Mit 118 Farbfotos und 29 Farbillustrationen.

Alle Angaben und Methoden in diesem Buch sind sorgfältig recherchiert, erwogen und geprüft. Sie entbinden den Pferdefreund nicht von der Eigenverantwortung für sein Tier und sich selbst. Die Anwendung der beschriebenen Methoden liegt in eigener Verantwortung. Der Verlag und die Autorin übernehmen keine Haftung für Personen-, Sach- oder Vermögensschäden, die aus der Anwendung der vorgestellten Materialien und Methoden entstehen.

Gedruckt auf chlorfrei gebleichtem Papier

ISBN 978-3-440-17438-8
Redaktion: Gudrun Braun
Gestaltungskonzept: Peter Schmidt Group GmbH, Hamburg
Gestaltung und Satz: W. Kohlhammer Druckerei GmbH + Co. KG
Produktion: Claudia Frank
Druck und Bindung: Westermann Druck Zwickau GmbH, Zwickau
Printed in Germany / Imprimé en Allemagne

FSC
www.fsc.org
MIX
Papier | Fördert gute Waldnutzung
FSC® C110508